BARF

ARTGERECHTE ROHFÜTTERUNG FÜR HUNDE

Hundeerziehung mit der natürlichen gesunden Ernährung für Ihren Vierbeiner. Alles Wissenswerte über rohes Hundefutter inkl. Rezepte und Ernährungspläne

INHALT

1 Barfen – Was ist das eigentlich?

Der Begriff „Barfen“ ist vermutlich schon so gut wie jedem Hundehalter einmal irgendwo begegnet. Leider wird in der heutigen Zeit die Fütterung des eigenen Hundes in den Bedeutungsstand einer Religion gehoben und die Diskussionen im Internet ähneln einem Glaubenskrieg. Viele halten ihre Methode für die einzig richtige und leider können die wenigsten Hundehalter andere Meinungen neben der eigenen akzeptieren. Dass aber nicht jede Fütterungsform auf jeden Hund passt, vergessen dabei die meisten. Denn auch, wenn alle unsere Hunde denselben Vorfahren haben, so unterscheiden sie sich doch sehr stark. Nicht nur in Größe, Gewicht, Farbe oder Felllänge, sondern auch in ihren Vorlieben und den individuellen Ansprüchen an ihre Nahrung. Jedoch gerät dieser Fakt schnell in Vergessenheit, wenn man sich viele der Posts und Threads im Netz so durchliest.

Doch egal, wie sehr dieses Thema diskutiert wird, wie sehr sich manche Hundehalter darauf versteifen, dass ihre Art der Fütterung die beste und einzig richtige ist – am Ende wollen alle, die sich auf diesen „Krieg“ eingelassen haben, doch nur eines: Das Beste für ihren Vierbeiner. Und allein das ist doch schon ein toller Schritt in die richtige Richtung. Generell stellt man fest, dass die jetzigen, meist jüngeren Generationen sich sehr mit den Themen Nahrung, Nahrungserzeugung, Ernährung, Qualität und dem „ökologischen Fußabdruck“ beschäftigen. Diese Tatsache hat schlussendlich nicht nur Auswirkungen auf ihre eigene Ernährung, sondern auch auf die ihrer Haustiere. Gerade für Hunde und Katzen bietet der Markt eine schier unüberschaubare Menge und Auswahl an verschiedenen Futtermitteln.

Von Trockenfutter über Dosenfutter bis hin zu Monoproteinvarianten, getreidefreien Sorten und sogar vegetarischem oder gar veganem Futter: Kaum ein Tierhalter kann da den Überblick behalten, zumal gefühlt jeden Tag neue Hersteller und neue Sorten den Markt erobern wollen. Hat man vor einigen Jahren noch achtlos in das Supermarktregal gegriffen und das erstbeste und möglichst günstige Futter genommen, so sieht man die Tierbesitzer heute in den Fachhandelsläden stehen, wie sie akribisch die Zusammensetzung der Futtersorten prüfen und nicht selten dutzende Säcke, Tüten und Dosen wieder zurück in das Regal stellen, weil sie ihren Ansprüchen nicht genügen. Das mag für manch einen Außenstehenden und Nicht-Tierhalter verwirrend oder gar übertrieben wirken, aber am Ende darf man dabei eben nicht vergessen, dass sich diese Leute mit der Ernährung ihres Vierbeiners kritisch auseinandergesetzt haben, wissen, was sie wollen und was eben nicht, und dass dies am Ende ja dem Tier zugutekommt.

Zu diesen Personen zählen auch die Barfer. Diese haben den Trockenfuttersäcken und Feuchtfutterdosen den Rücken gekehrt und besinnen sich darauf zurück, was unsere Vierbeiner gefressen haben, bevor sie domestiziert wurden, und worauf ihr Körper ausgelegt ist, nämlich: Fleisch. Aber nicht nur Muskelfleisch, sondern eben ein ganzes Beutetier samt Haut, Haaren, Knochen und Innereien. Darauf ist der Verdauungstrakt unserer Hunde eingestellt. Dafür wurde er geschaffen. Und auch, wenn manch einem der Gedanke daran nicht behagt, dass unsere lieben netten verschmusten „Sofawölfe“ tatsächlich Raubtiere sind und lieber das kleine süße Lämmchen fressen würden anstatt die bis zur Unkenntlichkeit verarbeiteten und gepressten Brocken in ihren Näpfen, so darf man die Herkunft unserer Caniden nicht leugnen. Sie waren, sind und werden immer Fleischfresser bleiben, auch wenn man ihnen heutzutage gern einmal unterstellt, dass sie mittlerweile Omnivoren, also Allesfresser, wären.

Warum diese Theorie haltlos ist, wirst Du noch im Verlauf dieses Buches erfahren. Aber zurück zum Barfen. Das Wort „BARF“ kann man im Deutschen am besten mit „Biologisch artgerechtes rohes Futter“ übersetzen. Manch einer bezeichnet es auch als „Biologisch artgerechte Rohfleisch-Fütterung“ oder orientiert sich an der englischen Variante

„Bones and raw food“, also zu Deutsch „Knochen und rohes Futter“. Geprägt hat diese Fütterungsform der australische Tierarzt Dr. Ian Billinghurst, der Anfang der 90er Jahre begann, diese Art der Fütterung publik zu machen. Er bezeichnete die Fütterung als „Biologically appropriate Raw Food“, also „Biologisch passende Rohkost“. Mehr zu seinen Ansichten über die Ernährung von Hunden findest Du in Kapitel 4 „Barf Varianten“.

Egal wie man diese Art der Fütterung nennt oder übersetzt – Barf bedeutet die Fütterung des Hundes mit rohen Zutaten wie Fleisch, Innereien, Knochen und dazu ergänzend meist Gemüse oder etwas Obst sowie Öle, Kräuter und teilweise auch Gewürze. Inwieweit diese Zutaten wirklich notwendig sind und in welcher Form man sie am besten verfüttert, erfährst Du in diesem Buch. Außerdem findest Du Berechnungsbeispiele für die verschiedenen Varianten und erhältst eine Liste mit allen Dingen, die im Napf Deines Hundes landen dürfen. Des Weiteren wird das Thema „Barf im Urlaub“ angesprochen, damit auch in der schönsten Zeit des Jahres Dein Vierbeiner nicht zu kurz kommt. Auch das Thema Futtermittelunverträglichkeit wird in diesem Buch behandelt. Ebenso wie Tipps zur Ernährung von sportlich geführten Hunden, Welpen und trächtigen bzw. säugenden Hündinnen. Außerdem bekommst Du Rezepte für selbst gemachte Leckerchen an die Hand, damit die gesunde Ernährung Deines Vierbeiners nicht bei der Hauptmahlzeit aufhören muss.

Zusammengefasst findest Du hier alle Informationen von der Umstellung auf Barf über die Erstellung von Fütterungsplänen bis hin zur richtigen Fütterung von rohen Knochen. Eben alles, was Du benötigst, um Deinen Hund erfolgreich auf rohes Futter umstellen zu können.

2 Vorurteile gegenüber der Frischfleischfütterung

Gerade beim Umgang mit rohem Fleisch lassen Vorurteile, wie das über die massive Belastung mit Keimen und Bakterien, nicht lang auf sich warten. Aber auch Horrormärchen über Mangelernährung gehören zu den typischsten Aussagen von Skeptikern und Personen, denen die Tüte Trockenfutter lieber und auch sicherer ist.

Hier einige der gängigsten Mythen über die Fütterung mit rohem Fleisch und die Richtigstellung dieser:

2.1 HUNDE, DIE MIT ROHEM FUTTER ERNÄHRT WERDEN, SIND DER GEFAHR AUSGESETZT, SICH MIT DIVERSEN KEIMEN, VOR ALLEM SALMONELLEN, ZU INFIZIEREN.

Der Magen-Darm-Trakt des Hundes ist auf die Verdauung von Fleisch, Knochen und sonstigen Bestandteilen wie Sehnen, Knorpel und Innereien ausgelegt. Die Magensäure unserer Sofawölfe ist dementsprechend aggressiv, sodass Keime wie Salmonellen, E-Coli-Bakterien etc. erst gar keine Chance haben. Hunde sind somit nahezu komplett unempfindlich gegenüber solchen Erregern. Sie sind sogar in der Lage, gammeliges Aas zu fressen und problemlos zu verdauen. Wichtig zu wissen ist jedoch: Wurde Dein Hund bisher mit Fertigfutter ernährt, hat sich die Magensäure bereits „abgeschwächt“ und braucht eine Weile, um sich auf das neue Futter einzustellen und den natürlichen pH-Wert wieder zu erreichen! Auch ein geschwächtes Immunsystem kann dazu führen, dass Dein Hund anfälliger für Erreger wird. Wenn Du jedoch ein paar Dinge beachtest, stärkst Du sowohl den Magen-Darm-Trakt Deines Hundes als auch sein Immunsystem, quasi „ganz nebenbei“, indem Du ihn einfach nur artgerecht und ausgewogen ernährst.

2.2 HUNDE, DIE MIT ROHEM FLEISCH ERNÄHRT WERDEN, GERATEN IRGENDWANN IN EINEN BLUTRAUSCH UND WERDEN AGGRESSIV UND LAUFEN GEFAHR, AUCH IHRE HALTER ANZUGREIFEN ODER ANDERE TIERE ZU TÖTEN.

Dieser Mythos hält sich hartnäckig. Kein Hund gerät in einen Blutrausch, wenn er mit rohem Fleisch ernährt wird. Dieser vermeintliche Zusammenhang ist absolut aus der Luft gegriffen und kann durch keinen einzigen Fall bestätigt werden. Allerdings gibt es tatsächlich die Möglichkeit, dass ein Hund eher dazu bereit ist, andere Tiere, wie zum Beispiel Kaninchen, zu jagen, zu reißen und zu töten, wenn er mit „Whole Prey" ernährt wird, also mit ganzen Beutetieren. Allerdings ist auch das kein Muss. Es gibt genügend Hunde, die mit „Whole Prey" ernährt werden und trotzdem lieb und nett zu den anderen Haustieren sind. Schlussendlich ist dies auch eine Trainingsfrage. Ein Hund, der gelernt hat, andere Tiere im Haushalt zu akzeptieren, wird auch unterscheiden können zwischen einem toten Kaninchen, welches ihm vom Halter gegeben wurde und den Haustieren, die quicklebendig mit im gemeinsamen Haushalt herumspringen.

2.3 HUNDE, DIE GEBARFT WERDEN, LEIDEN ÜBER KURZ ODER LANG AN MANGELERSCHEINUNGEN, DA MAN NIE ALLE VITAMINE UND NÄHRSTOFFE FÜTTERN KANN.

Gerade wenn man die Mahlzeiten selbst zusammenstellt und keine ganzen Beutetiere füttert, ist die richtige Menge an allen Nährstoffen und Vitaminen wichtig. Jedoch ist die Berechnung des Bedarfs kein Hexenwerk und wenn man sich an ein paar Grundregeln hält, bekommt der Hund alles, was er braucht. Mangelerscheinungen treten nur dann auf, wenn man sich nicht mit dem Thema befasst hat und sehr einseitig füttert (zum Beispiel durch die ausschließliche Fütterung von

Muskelfleisch). Damit genau das nicht passiert, hast Du ja dieses Buch gekauft und kannst Dich hier über alle notwendigen und wichtigen Dinge, die das Barfen betreffen, informieren.

2.4 BARFEN IST EXTREM KOMPLIZIERT UND MAN BENÖTIGT SEHR VIEL ZEIT FÜR DIE ZUBEREITUNG.

Auf den ersten Blick erscheint Barfen vielleicht wirklich kompliziert. Wer aber einmal den Bedarf seines Hundes ausgerechnet hat oder sich direkt einen professionellen Barf-Plan hat erstellen lassen, der muss im Prinzip nur noch die einzelnen Futterkomponenten kaufen, zusammenmischen und füttern. Fertig. Die Bilder im Kopf von Barf-Anfängern, bei denen man jeden Tag mehrmals berechnen muss, was der Hund in welcher Menge bekommen muss, sind Quatsch. Zumal die Versorgung mit notwendigen Nährstoffen nicht tagtäglich gewährleistet sein muss, sondern über einen gewissen Zeitraum hinweg bedarfsdeckend sein sollte. Bekommt Dein Hund also mal ein paar Tage lang nicht alle Nährstoffe, etwas später aber wieder genug, so wird er daran nicht sterben. Hauptsache, die notwendige Menge wird innerhalb von 2 bis 4 Wochen gefüttert und liegt in natürlicher, gut verwertbarer Form vor. Grundsätzlich sind synthetisch hergestellte Nährstoff- und Vitaminpräparate schlechter verwertbar für den Hund (weswegen davon auch sehr hohe Dosen in Fertigfuttermitteln vorhanden sind, da es sonst bei der ausschließlichen Gabe von Fertigfuttermitteln über kurz oder lang zu Mangelerscheinungen kommen würde).

2.5 HUNDE, DIE MIT ROHEM FLEISCH ERNÄHRT WERDEN, HABEN NAHEZU STÄNDIG WÜRMER.

Ganz im Gegenteil! Hunde, die mit rohem Fleisch ernährt werden und ein dementsprechend aggressiveres Magen-Darm-Milieu haben, sind sogar deutlich weniger gefährdet, sich mit Würmern zu infizieren.

Hinzu kommt ein durch die artgerechte Fütterung gestärktes Immunsystem, welches problemlos mit einer geringen Anzahl an Würmern fertig wird und so dafür sorgt, dass sich diese gar nicht festsetzen erst können.

2.6 DIE VERFÜTTERUNG VON KNOCHEN IST LEBENSGEFÄHRLICH, DA SIE SPLITTERN UND DIE DARMWAND DURCHSTECHEN KÖNNEN.

„Knochen sind gefährlich."

„Knochen dürfen nicht verfüttert werden."

„Knochen splittern und verletzen den Magen-Darm-Trakt des Hundes."

So lauten die weit verbreiteten Meinungen über die Fütterung von Knochen. Dabei ist Knochen nicht gleich Knochen. Der Mythos über die splitternden Knochen ist durch die Gabe von erhitzten Knochen entstanden, die gern mal vom Esstisch verfüttert wurden. Diese werden durch die Erhitzung porös und splittern tatsächlich. Gerade Geflügelknochen, die innen hohl sind, können besonders leicht splittern. Diese Splitter sind extrem hart und können wirklich zu Verletzungen beim Hund führen. Füttert man jedoch rohe Knochen, egal ob Knochen vom Geflügel, Kaninchen, Hirsch oder Schaf, passiert nichts. Lediglich tragende Knochen von sehr großen Tieren wie Pferden und Rindern sind zu hart und können in der Regel vom Hund nicht geknackt werden. Hierbei besteht tatsächlich eher die Gefahr, dass sich der Hund einen Zahn abbricht oder Mikrorisse im Zahn entstehen, die den Zahn schwächen. Weil Knochen, eher gesagt das Kalzium darin, jedoch sehr wichtig für den Organismus des Hundes sind, ist die Fütterung von Knochen essentiell. Weitere Infos zur richtigen Knochenfütterung findest Du im Kapitel „Knochen richtig füttern".

Wenn Du Dich jedoch nicht traust, beispielsweise relativ weiche Hähnchenhälse oder Ähnliches zu füttern, gibt es die Möglichkeit, Knochen zu ersetzen, zum Beispiel mit Eierschalenpulver. Tipps zur Herstellung mit dem Thermomix findest Du im Kapitel „Barfen mit Thermomix".

Grundsätzlich ist jedoch die Fütterung von fleischigen Knochen die bessere und natürlichere Variante, die außerdem auch der Zahnreinigung dient.

Aber Achtung: Zu viele Knochen können zu sogenanntem „Knochenkot" führen. Dieser ist extrem hart und ein Hund hat meist große Probleme, diesen Kot auszuscheiden. Darum übertreibe die Fütterung von Knochen nicht. Bei den empfohlenen Mengen besteht diese Gefahr jedoch nicht.

2.7 BARFEN IST EXTREM TEUER.

Etliche Kilogramm an Fleisch und anderen Dingen wie Knochen, Gemüse und Co. wirken auf den ersten Blick schon recht teuer. Für einen mittelgroßen Hund kommen so im Monat gut 100 € zusammen. Würde man jedoch den Bedarf des Hundes mit hochwertigem, getreidefreiem Nassfutter decken wollen, so kommt man schlussendlich auf etwa denselben Preis, da hochwertige Dosen auch einige Euro kosten. Selbst mit hochwertigem Trockenfutter landet man schlussendlich in einem ähnlichen Preisrahmen. In dem Preis enthalten sind bei der Rohfütterung jedoch noch sämtliche Vorteile der Frischfleischfütterung: Angefangen bei der besseren Verträglichkeit über das unterstützte und ausgereiftere Immunsystem bis hin zur problemlosen Fütterung der verträglichen Futtermittel bei Allergien. Mehr zu den Vorteilen des Barfens findest Du im nächsten Kapitel.

3 Vor- und Nachteile des Barfens

Die Fütterung von roher Nahrung hat wie jede andere Ernährungsform ihre Vor-, aber auch ihre Nachteile. Wobei man hier ganz deutlich sagen muss: Die Vorteile überwiegen. Nicht zuletzt, weil diese Art der Fütterung schlichtweg am nächsten an der Natur und am ursprünglichsten ist und dem Hund auf natürliche Weise alles bietet, was er benötigt, um fit, gesund und vital zu sein.

Hier nun eine Übersicht über Vor- und Nachteile, damit Du für Dich entscheiden kannst, ob diese Form der Fütterung etwas für Dich und Deinen Hund ist.

3.1 VORTEILE

3.1.1 MAN WEISS, WAS DRIN IST

Dies ist natürlich das Hauptargument. Wer frisch füttert und die Portion für seinen Hund selbst zusammenstellt, der weiß zu nahezu zu 100 %, was er da gerade seinem Vierbeiner serviert. Gerade wenn man das Fleisch und die Innereien über den Metzger des Vertrauens bezieht, weiß man in der Regel auch ganz genau, wie die Tiere gelebt haben und auch, wie sie geschlachtet wurden. Ebenfalls ist dort meist auch das Erfragen der Ernährung der Schlachttiere möglich. Und selbst wenn Du über das Internet bestellst: die großen Firmen geben in der Regel Einsicht in ihre Produktion und klären über ihre Tierhaltung sowie die Schlachtung auf.

Somit kann man sich sicher sein, dass auch nur das im Hund landet, was man ihm auch füttern möchte. Bei fertigem Futter ist dies nicht möglich und die Deklaration ist bei vielen Herstellern meist nur unzureichend bzw. unvollständig und somit mangelhaft.

3.1.2 EINE SEHR GUTE MÖGLICHKEIT, ALLERGIEN ZU UMGEHEN

Wenn Du einen Vierbeiner hast, der von Allergien geplagt wird, dann weißt Du sicher auch, wie unheimlich wichtig es ist, die entsprechenden unverträglichen Futtermittel tunlichst zu umgehen, um einen Allergieschub zu vermeiden. Nun hält der Fachhandel zwar etliche „Sensitiv"-Futtersorten bereit, die damit werben, nur eine Kohlenhydrat- und eine Proteinquelle zu besitzen, doch so ganz genau weiß man am Ende nicht, was in diesen Futtermitteln alles mit drin ist. Barft man jedoch, kann man selbst entscheiden, welche Dinge im Napf landen und welche nicht. Somit ist dies die beste Ernährung für einen allergischen Hund.

3.1.3 DIE NATÜRLICHSTE FORM DER FÜTTERUNG

Fleisch, Innereien, Knochen, Bindegewebe, Haut und Haar: Dies ist, worauf der Magen-Darm-Trakt unserer Hunde ausgelegt ist. Der gesamte Körper unserer „Sofawölfe" ist auf das Verdauen von tierischen Produkten ausgelegt, vom Gebiss bis zur Magensäure. Alles ist darauf „programmiert", sämtliche Bestandteile eines Beutetieres verdauen zu können. Und schlussendlich enthält so ein komplettes Beutetier auch alles, was Dein Hund benötigt, um vital, kräftig und gesund zu sein.

3.1.4 DIE REINSTE FORM DER NÄHRSTOFFE

Anders als bei fertigen Futtermitteln, bei denen die durch den Erhitzungs- und Denaturierungsvorgang zerstörten Vitamine und Nährstoffe künstlich wieder hinzugefügt werden müssen, bleiben diese in frischen Lebensmitteln erhalten und können so vom Körper effektiv und vollständig aufgenommen und verwertet werden. Die sogenannte „Bioverfügbarkeit" ist dementsprechend deutlich höher als bei synthetisch hergestellten und extra hinzugefügten Nährstoffen. Dadurch sind auch geringere Mengen ausreichend, um den Bedarf Deines Hundes zu decken.

3.2 NACHTEILE

3.2.1 MAN MUSS SICH DAMIT BEFASSEN

Einfach ein bisschen Muskelfleisch in den Napf, ein bisschen Öl oben drauf, eine Möhre geraspelt – fertig. So einfach ist es dann doch nicht. Dennoch ist Barfen kein Hexenwerk. Man muss sich aber damit einmal auseinandersetzen und verstehen, was der Hund braucht. Wer das einmal verinnerlicht hat, hat mit dieser Art der Ernährung jedoch keinerlei Probleme mehr.

3.2.2 MAN BRAUCHT PLATZ

Nun, zumindest mehr Platz als für ein paar Dosen oder eine Tüte Trockenfutter. Denn je nachdem, ob man alle paar Tage frische Zutaten kauft oder gleich einen Vorrat für mehrere Wochen im Tiefkühler liegen hat, braucht man schon einige Fächer im Kühl- oder Tiefkühlschrank, bzw. direkt eine ganze Tiefkühltruhe. Natürlich ist für die Menge an Zutaten auch die Größe des Hundes entscheidend und ob nur ein Hund im Haushalt lebt oder mehrere. So oder so – man braucht mehr Platz als bei anderen Fütterungsvarianten.

3.2.3 MAN WIRD VERUNSICHERT

Darauf solltest Du dich einstellen! Freunde, Bekannte und auch andere Hundebesitzer, die sich gar nicht erst mit diesem vermeintlich schwierigen Thema befassen wollen, werden Dir wahrscheinlich Angst machen und Dir Horrorgeschichten über Hunde mit Mangelerscheinungen erzählen. Jemand, der nicht in der Materie steckt und sich von unüberprüfbaren und schlecht recherchierten Artikeln im Internet in Panik versetzen lässt, ist nicht der richtige Ansprechpartner für Dich. Solange Du Dich mit dem Thema befasst, den Bedarf Deines Hundes kennst und ihn ausgewogen ernährst, brauchst Du Dich nicht darum scheren, was die anderen Leute sagen. Lass Dich nicht verunsichern! Du hast diese Form der Fütterung gewählt, um Deinem Hund das bestmögliche Futter zu ermöglichen, und davon solltest Du Dich nicht abbringen lassen. Wenn Du Sorge hast, dass es Deinem Hund an etwas mangeln könnte, gibt es immer noch die Möglichkeit, Dich an einen Ernährungsberater für Hunde oder einen Tierheilpraktiker zu wenden und Deinen Futterplan überprüfen zu lassen. Alternativ sind auch Bluttests möglich, bei denen die Versorgung mit den wichtigen Vitaminen und Nährstoffen überprüft wird. So bist Du immer auf der sicheren Seite.

4 Barf-Varianten

Barfen ist nicht gleich barfen, auch wenn die verschiedenen Varianten grundsätzlich sehr ähnlich sind. So gibt es die verschiedensten „Modelle“, die natürlich auch alle anders heißen. Oftmals orientieren sich die Namen an den „Erfindern“, wie das Barfen nach Mogen Eliasaen oder Swanie Simon, oder sie werden nach dem zugrunde liegenden Prinzip benannt, wie das Füttern nach „Prey Model Raw“ (Beute-Modell roh).

Hier eine kurze Übersicht über die gängigsten Modelle sowie einige Informationen über den „Begründer“ des Begriffs Barfen.

Info: Rechenbeispiele sowie Wochenübersichten zu den verschiedenen Varianten findest Du im Kapitel 10 (Bedarfsberechnung mit Beispielen).

4.1 DR. IAN BILLINGHURST UND SEINE ANSICHTEN

Anfang der 1990er Jahre brachte der australische Tierarzt Dr. Ian Billinghurst das Buch „Give your dog a bone“ heraus. Darin besann er sich auf die Herkunft unserer Hunde und rief dazu auf, den Hunden wieder das zu füttern, wofür sie geschaffen wurden: Fleisch, oder besser gesagt tierische Produkte. Dies tat er nicht zuletzt, weil er mit dem Aufkommen von Fertigfuttermitteln zunehmende Erkrankungsfälle feststellte. Daraufhin widmete er sich der Ernährung von Hunden und publizierte seine Ansichten. Er begründete zu dieser Zeit auch den Begriff des „BARF“ (Biologically appropriate Raw Food), was auf Deutsch so viel bedeutet wie „Biologisch passende Rohkost“.

Seine Aufteilung lautet wie folgt:

60-80 % RMB (raw meaty bones), also fleischige Knochen, an denen viel Fleisch sein sollte, 10-15 % Innereien wie Leber, Niere, Hirn, Pansen und Blättermagen sowie einen gewissen Anteil an püriertem Gemüse. Der Rest könne durchaus auch aus Tischabfällen wie Nudeln, Kartoffeln und Reis bestehen. Ergänzt wird das Ganze mit Eiern, Hüttenkäse, Naturjoghurt, sowie Bierhefe und Knoblauch.

Billinghurst sieht Dinge wie Getreide, Milch oder Knochenmehl als unnötig an und rät davon ab, diese zu verfüttern.

Seiner Ansicht nach sollten auch nicht jeden Tag sämtliche Komponenten gefüttert werden, sondern über einen Zeitraum von 14 Tagen hinweg gesehen die Rationen in ihre verschiedenen Bestandteile aufgeteilt werden. So sollte es mehrere Tage geben, an denen die rohen fleischigen Knochen gefüttert werden, wenige Tage, an denen nur Innereien gefüttert werden, und an manchen Tagen sollte es nur Gemüse geben.

Eine Rationsberechnung gibt Dr. Ian Billinghurst in seinen Büchern und Publikationen nicht an. Diese sei auch nicht notwendig, da man anhand der Entwicklung des Hundes sehen kann, ob er zu viel oder zu wenig bekommt und ob sein Magen-Darm-Trakt mit der bisherigen Aufteilung der Komponenten zurechtkommt.

4.2 BARF NACH SWANIE SIMON

Dieses Modell ist das am häufigsten genutzte und dient meist als Grundlage für die „Barf-Rechner“ im Internet. Es enthält auch jeweils eine Obst- und Gemüsekomponente!

Die Aufteilung lautet wie folgt:

80 % Fleischanteil
- davon 50 % gut durchwachsenes Muskelfleisch
- davon 20 % Pansen/Blättermagen
- davon 15 % Innereien
- davon 1/3 Leber
- davon 15 % RFK (rohe fleischige Knochen)

20 % Pflanzenanteil
davon 75 % Gemüse
davon 25 % Obst

4.3 BARF NACH MOGEN ELIASEN

Dieses Modell beruht auf der Annahme, dass der gefährlichen Magendrehung beim Hund vorgebeugt werden kann, wenn der Magen immer wieder von komplett leer zu komplett voll wechselt und die Magenbänder und Muskeln so trainiert und gestärkt werden. Um das zu erreichen, wird der wöchentliche Bedarf des Hundes an nur 3 bis 4 Tagen pro Woche verfüttert. Es gibt keine zwingende Obst- und Gemüsekomponente, aber es spricht nichts dagegen, trotzdem einen gewissen pflanzlichen Anteil zum Futter hinzuzugeben.

Die Aufteilung der wöchentlichen Ration lautet wie folgt:

Ohne Gemüse
50 % Muskelfleisch
20 % Blättermagen/Pansen
15 % RFK (rohe fleischige Knochen)
15 % Innereien, inklusive Herz

Mit Gemüse
80 % Fleischanteil
davon 50 % gut durchwachsenes Muskelfleisch
davon 20 % Pansen/Blättermagen
davon 15 % Innereien, inklusive Herz
davon 15 % RFK (rohe fleischige Knochen)
20 % Pflanzenanteil
davon 75 % Gemüse
davon 25 % Obst

Wenn man Obst und Gemüse füttern möchte, wird in diesem Modell meist an den Tagen, an denen kein fleischlicher Anteil gefüttert wird, nur pflanzliche Kost gefüttert. Andernfalls wären diese Tage Fastentage. Ebenfalls gängig ist ein „All you can eat“-Tag, an dem der Hund so viel fressen darf, wie er möchte.

4.4 PREY (MODEL RAW)

Dieses Modell bedeutet übersetzt so viel wie rohes Beutetier-Modell. Hierbei wird ein Beutetier quasi „nachgebaut“, weswegen diese Art der Fütterung auch „Frankenprey“ (in Anlehnung an Frankenstein) genannt wird. Diese Variante beinhaltet keine Kohlenhydratquellen und es wird weder Obst noch Gemüse gefüttert.

Die Aufteilung lautet wie folgt:

80 % Fleisch mit einem Fettanteil von 15-20 %

dazu gehören sowohl das Muskelfleisch als auch Sehnen, Bindegewebe etc., aber auch

Zunge, Mägen und andere Dinge

10 % RFK

10 % Innereien

davon 50 % Leber

4.5 WHOLE PREY

Hierbei werden tatsächlich komplette Beutetiere wie Kaninchen, Meerschweinchen, Küken, Hühner oder bei großen Hunden auch Lämmer oder Kälber verfüttert. Daher auch der Name „Whole Prey“, also ganze Beute. Diese Art der Fütterung ist die am wenigsten aufwendige, da man weder etwas supplementieren noch berechnen muss. Das gesamte Beutetier mit Haut, Fell, Innereien und Blut bietet alles, was der Hund benötigt, in quasi genau der richtigen Menge. Die einzige Arbeit, die man damit hat, ist entweder das schonende langsame Auftauen oder das Schlachten des Tieres, wenn man selbst die Futtertiere züchtet. Jedoch ist diese Art der Fütterung nicht jedermanns Sache, da es schon ein wenig irritierend sein kann, wenn ein totes Kaninchen auf der Küchenarbeitsplatte liegt.

Die Berechnungsgrundlage für die Menge ist auch hier ein prozentualer Anteil des Körpergewichts. Meist rechnet man mit etwa 2-3 % des Körpergewichts. Da man jedoch nicht immer Beutetiere hat, die in etwa das wiegen, was der Hund bekommen sollte, gibt es auch die Möglichkeit, an einem Tag ein Beutetier zu verfüttern, welches schwerer ist, und dafür am nächsten Tag nichts oder nur wenige Snacks oder Kleinigkeiten zu geben.

Was man bei allen Varianten sieht, ist, dass sie sich sehr an dem Vorbild des „Beutetiers" orientieren und im Prinzip die Aufteilung eines solchen Tieres nachahmen. Jedoch hat sich mittlerweile eine Ergänzung mit Obst, Gemüse, Ölen, Kohlenhydratquellen wie Kartoffeln sowie Milchprodukten etabliert, welche jedoch grundsätzlich nicht zwingend notwendig ist, insofern andere wichtige Bestandteile wie Innereien und auch Blut gefüttert werden. Denn sind wir mal ehrlich: Würden Caniden, egal ob Wölfe, Wildhunde oder auch verwilderte Hunde nur überleben, wenn sie regelmäßig ihre Portion Gemüse und Obst plus Öl fressen müssten, dann gäbe es sie heute nicht mehr. Die Ergänzung mit diesen Dingen hat sich nur deshalb etabliert, weil viele Hundehalter sich davor scheuen, entweder ein ganzes Beutetier oder ergänzend zu Muskelfleisch und Co. auch das nährstoffreiche Blut zu verfüttern.

Oftmals wird jedoch die Fütterung von Obst und Gemüse damit begründet, dass auch Beutetiere in der Natur, wie Reh und Hase, ebenfalls pflanzliche Kost im Magen haben und der Wolf dies dementsprechend auch mitfrisst. Das stimmt so jedoch nur teilweise. Denn die pflanzliche Kost im Magen der Beutetiere besteht zum einen weder aus Obst noch Gemüse, sondern eher aus Gräsern und Kräutern sowie teilweise Rinde und zum anderen wird diese pflanzliche Kost bereits im Magen durch den Magensaft der Beutetiere an- bzw. vorverdaut und ist somit überhaupt erst für die Caniden verwertbar bzw. überhaupt verdaubar. Pure Gräser beispielsweise können von Karnivoren jeglicher Art gar nicht erst verdaut werden, weswegen sie zur Magenreinigung sehr beliebt sind.

Das hast Du vielleicht auch schon einmal bei Deinem Hund beobachten können. Er frisst Gras bzw. Gräser und würgt sie entweder danach wieder hoch oder sie passieren unverdaut den Magen-Darm-Trakt und werden im Ganzen wieder ausgeschieden. Das zeigt, wie schwer sich ein Fleischfresser damit tut, pflanzliche Kost zu verdauen und zu verwerten. Das ist auch der Grund, warum Obst und Gemüse entweder püriert, um die Zellstrukturen mechanisch aufzubrechen, oder erhitzt (im Idealfall sanft gedünstet) werden sollen, um die Zellstrukturen thermisch aufzubrechen. Denn nur so können die pflanzlichen Bestandteile vom Hund überhaupt verwertet werden. Hinzu kommt die gleichzeitige Fütterung von Öl oder Fett, da die meisten Vitamine fettlöslich sind und somit erst vom Hund aufgenommen werden können, wenn sie zusammen mit einer Fettkomponente verfüttert werden. Somit sollte klar sein, dass Hunde auch hervorragend ohne Obst- und Gemüsebrei zurechtkommen, insofern man ihnen das zur Verfügung stellt, was die Natur für die optimale Versorgung mit Nährstoffen vorgesehen hat.

Warum unsere Hunde jedoch so sind, wie sie heute sind, zeigt sich anhand ihrer Entstehungsgeschichte. Dazu findest Du mehr Informationen im Kapitel 5.

5 Wie viel Wolf steckt im Hund?

Unser Haushund, der „Canis familiaris", stammt vom Wolf, dem „Canis Lupus", ab. So lautet die weitläufige Meinung. Dass dies so aber gar nicht stimmt, ist bisher nur wenigen bewusst. Eine Genstudie aus dem Jahr 2019 untersuchte die Verwandtschaft von Wolf und Hund und entdeckte Erstaunliches. Sind Wolf und Hund also doch nicht verwandt?

Nun, im Prinzip sind Wolf und Hund genauso miteinander verwandt wie wir Menschen mit Schimpansen. Was uns mit den Schimpansen und den Hund mit dem Wolf verbindet, ist ein gemeinsamer Vorfahre. Die Wege von Hund und Wolf trennten sich bereits vor etwa 30.000 Jahren. Der einstige Vorfahre beider Arten war somit der Ursprung für beide Entwicklungen. Der „Urhund" ähnelte dem Wolf jedoch noch sehr stark. Kein Wunder – entsprangen ja beide demselben Vorfahren. Der einzige Unterschied war, dass er erkannte, wie viel einfacher das Leben in der Nähe des Menschen war. Zu dieser Zeit waren Menschen noch zum Großteil Nomaden.

Das heißt, sie bauten ihre Lager auf, verbrauchten die Ressourcen in der Umgebung, bauten ihre Lager wieder ab und zogen weiter. Die Abfälle, die dabei in den Lagern entstanden, wurden vom „Urhund" gefressen. Er hielt sich also immer der Nähe der menschlichen Lager auf und fraß, was übrigblieb. Im Gegenzug macht er, wenn auch unbeabsichtigt, auf andere Jäger aufmerksam. Nach und nach isolierten sich aus den Nachkommen die zahmsten Exemplare, die sich näher an die Menschen herantrauten und so bessere Chancen auf Reste hatten. Außerdem folgten die „Urhunde" den Menschen. Dies taten sie auch dann, als der Mensch begann, sesshaft zu werden. In der Umgebung rund um die Siedlungen der Menschen lebten somit schon vor tausenden von Jahren Hunde, wenn auch noch die ursprüngliche und wilde Form unserer heutigen Haushunde. Die Menschen duldeten sie und erkannten, dass die Nähe dieser Raubtiere auch Vorteile hatte. Zum einen fraßen sie den „Abfall". Dadurch wurden keine anderen Räuber mehr angezogen. Zum anderen machten die Urhunde darauf aufmerksam, wenn sich doch einmal ein anderes Raubtier in die Nähe des Lagers wagte, und vertrieben sie teilweise sogar. Somit lebten Urhund und Mensch in einer Art Symbiose zusammen. Nach und nach griffen die Menschen in die Natur ein und entnahmen Welpen von den Urhunden aus der Umgebung. Sie zähmten sie und nutzen sie fortan als Wächter für die Siedlungen. Dort bekam der Hund entweder weiterhin die Abfälle aus den Lagern oder ging selbst auf die Jagd. Als später der Ackerbau betrieben wurde und auch Getreide zu den Abfällen gehörte, fraßen die Urhunde auch dieses in geringen Mengen. Wenn sie die Wahl hatten, fraßen sie aber weiterhin die tierischen Reste oder jagten.

Sie blieben also ihrer Natur treu und blieben fleischfressende Raubtiere, auch wenn der Mensch begann, bestimmte Merkmale heraus zu züchten, indem er bestimmte Tiere miteinander verpaarte. So wurde der Grundstein für die Rassenvielfalt gelegt, die wir heute kennen. Doch eines blieb immer gleich – ganz egal ob aus dem Urhund heute ein Yorkshire Terrier wurde, ein Alaskan Malamute oder eine riesige Dogge: Sie sind noch immer Fleischfresser. Und wenn man es genau nimmt, auch immer noch Raubtiere, auch wenn wir uns das lieber gar nicht vorstellen wollen. Doch viele Wildrisse durch entlaufene Haushunde belegen die Natur unserer „Sofawölfe", die ja strenggenommen gar keine Wölfe sind.

Diese Entstehungsgeschichte unserer Hunde zeigt Dir aber, wieso die ursprüngliche Ernährung die beste ist. Ganze Beutetiere, egal in welcher Form: dafür sind unsere Hunde „gemacht". Das ist das, worauf ihr Verdauungssystem ausgelegt ist. Und wie diese Verdauung funktioniert, erfährst Du im nächsten Kapitel.

6 Die Ernährungsphysiologie des Hundes

Wie funktioniert die Verdauung unserer „Sofawölfe" denn nun? Was können sie verwerten und was nicht?

Bei uns Menschen beginnt die Verdauung tatsächlich schon im Mund. In unserem Speichel befindet sich ein Enzym, Amylase, das vor allem dafür da ist, Stärke aufzuspalten und in Glukose umzuwandeln. Wenn wir kauen, vermengen wir somit schon unsere Nahrung mit dem Speichel und damit mit den Enzymen, und die Verdauung beginnt. Ein Hund hat solche Enzyme jedoch nicht bzw. nur in sehr geringer Menge. Sein Speichel ist im Grunde nur dafür da, das Futter geschmeidiger zu machen, damit es leichter in den Magen gleiten kann. Da Hunde zu den sogenannten „Schlingfressern" gehören und ihre Nahrung in der Regel nicht wirklich gründlich kauen, sondern eher größere Stücke abbeißen und anschließend herunterschlingen, ist eine gute Einspeichelung überaus wichtig. Bei unseren Hunden beginnt die Verdauung somit im Prinzip erst im Magen und nicht bereits im Maul. Interessanter Fakt: Der Speichel des Hundes verändert seine Konsistenz – abhängig davon, wie er ernährt wird! Hunde, die mit Trockenfutter ernährt werden, haben recht flüssigen Speichel. Bekommen sie jedoch zum Beispiel rohes Fleisch, so ist der Speichel eher dickflüssig und schleimig. Im Magen angekommen, tritt die Magensäure ihren Dienst an. Die Magensäure von Hunden ist sehr sauer und besteht zu großen Teilen aus Salzsäure. Sie ist bereits von Natur aus aggressiver als die des Menschen, da sie einen 10-mal höheren Anteil an Salzsäure aufweist als die unsere. Bei Hunden, die mit rohem Fleisch ernährt werden, ist sie prinzipiell stärker konzentriert als bei Hunden, die mit Fertigfutter ernährt werden. Dies ist wichtig, da so Erreger und Keime unschädlich gemacht werden können, bevor sie in den Darm gelangen und zu Problemen führen.

Der Magen selbst ist durch eine Schleimhaut vor der hoch aggressiven Magensäure geschützt. Die Magendrüsen sondern Enzyme, zum Beispiel Pepsin, ab, die die Proteine der Nahrung in Polypeptide aufspalten. Die Magensäure des Hundes zersetzt das Futter in einen Brei und wird dabei durch die Bewegungen der Magenwände, die auch Kontraktionen genannt werden, unterstützt. Ist der Brei fein genug, wird er durch den „Pförtner" in kleinen Portionen in den Dünndarm weitergeleitet. Dort neutralisiert Natriumbicarbonat, das von der Bauchspeicheldrüse ausgeschüttet wird, die aggressive Salzsäure. Dies ist wichtig, da der Darm sonst geschädigt werden würde. Das Milieu im Darm ist nämlich im Gegensatz zu dem Milieu im Magen nicht sauer, sondern alkalisch. Durch den Gallensaft werden die Fettbausteine weiter zersetzt und so verwertbar gemacht. Die Leber übernimmt die Entgiftung des Körpers und reinigt ihn. Sowohl Bauchspeicheldrüse als auch der Dünndarm selbst leisten mit ihren produzierten „Säften" die meiste Zersetzungsarbeit. Nur dadurch werden die Nahrungsbestandteile wie Fette, Eiweiß etc. zu wasserlöslichen Bausteinen zersetzt, die dann durch die Darmwand in den Organismus aufgenommen und so verwertet werden können. Der Blinddarm ist beim Hund nur wenig ausgeprägt. Dieser produziert Enzyme, die vor allem für die Aufnahme von Vitaminen notwendig sind, aber auch zur Zersetzung der Futterreste beitragen. Alles was nicht zersetzt und verwertet werden kann, landet anschließend im Dickdarm und wird dann über den After ausgeschieden. Das ist auch der Hauptgrund, wieso der „Output" Deines Hundes so viel über seine Ernährung aussagt. Je öfter er sein großes Geschäft erledigen muss und je mehr dabei herauskommt, desto schlechter verwertet er das gegebene Futter. Weniger Output = bessere Verwertung. Wenn Du auf Barf umgestellt hast, wirst du den Unterschied sehen. Du brauchst Dir dann auch keine Sorgen machen, wenn Dein Hund mal den ein oder anderen Tag kein Häufchen macht. Das ist normal, da er vom naturnahen Futter deutlich mehr verwerten kann als vom Industriefutter.

7 Wann und wie mit dem Barfen starten

Wann ist der perfekte Zeitpunkt zur Umstellung auf Barf? Gibt es einen perfekten Zeitpunkt? Ja, den gibt es! Er lautet: Jetzt. Egal wann Du Dich dafür entscheidest, Deinen Hund auf Barf umzustellen, es wird immer der richtige Zeitpunkt sein. Meist gibt es jedoch einen Anlass, wieso man sich plötzlich mit der Rohfütterung beschäftigt. Vielleicht leidet Dein Hund unter Allergien? Verträgt er vielleicht spezielle Zusätze im Futter nicht mehr oder gar ganze Fleischsorten? Oder stört Dich der Geruch Deines Vierbeiners? Riecht er vielleicht aus dem Maul? Oder hast Du das Gefühl, er würde nicht genügend von seinem Fertigfutter verwerten und der „Output“ geschieht übermäßig oft und in großen Mengen? Und Du hast es satt, zuzusehen, wie das Fell Deines Hundes immer stumpfer wird? Dann hast Du wahrscheinlich bereits im Internet nach Hilfe gesucht, hast Forenbeiträge gelesen und versucht herauszufinden, welche Ernährung dann die beste für Deinen Vierbeiner ist. Und schlussendlich hast Du Dich entweder bereits entschieden, zu barfen, oder möchtest Dich noch mehr über dieses Thema informieren und hast deswegen dieses Buch gekauft. Damit nun auch die Umstellung problemlos klappt und es Deinem Vierbeiner schnell besser geht, findest Du hier die Informationen, die Du brauchst.

7.1 RICHTIG UMSTELLEN

Wann immer es darum geht, das Futter des Hundes umzustellen, wird dazu geraten, langsam zu beginnen und Stück für Stück das neue Futter unterzumischen. Das mag bei verschiedenen Fertigfuttermitteln so sein und auch so funktionieren, aber bei der Umstellung von Fertigfutter auf Barf wäre das schlecht. Man darf nämlich nicht vergessen, dass Fertigfutter und Barf jeweils völlig andere Verdauungszeiten haben und der gesamte Magen-Darm-Trakt sich an das jeweilige Futter anpassen muss. Vermischt man nun Fertigfutter mit rohem Fleisch, so kommt der Magen-Darm-Trakt Deines Hundes völlig aus dem Konzept. Übelkeit, Erbrechen und Durchfall können die Folge sein. Darum solltest Du wirklich von jetzt auf gleich umstellen. Also nicht mischen, nicht Stück für Stück, sondern direkt die nächste Mahlzeit komplett durch BARF ersetzen. Zwar kann auch das bei manchen sehr empfindlichen Hunden dazu führen, dass sie mit Magengluckern und ggf. Durchfall reagieren, aber schlussendlich ist diese Art der Umstellung für Deinen Hund besser und verträglicher.

7.2 WAS TUN BEI MÄKELIGEN HUNDEN?

Nun ist es so, dass manche Hunde rohes Fleisch oder gar ganze Menüs mit Gemüse, Obst, Ölen und Co. überhaupt nicht lecker finden. Das kann vorkommen! Gerade wenn Dein Vierbeiner sein Leben lang nur Fertigfutter bekam, so wird er sich ggf. zu Beginn etwas schwer tun mit der neuen Kost. Das ist aber kein Problem und auch sein gutes Recht. Um ihm den Übergang zu rohen Futtermitteln zu erleichtern, gibt es einen ganz einfachen Trick: Garen.

Bei sehr mäkeligen Hunden hat es sich bewährt, das Fleisch zu Beginn zu garen oder zu braten. Der Geruch und Geschmack von gegartem Fleisch lösen bei den allermeisten Hunden einen sehr großen Appetit aus. Wenn das gut klappt, kannst Du Schritt für Schritt den Garzustand des Fleisches herabsetzen. Hast Du zu Beginn das Fleisch noch komplett durchgegart, so nimmst Du es dann etwas früher aus dem Topf oder der Pfanne. Das machst Du so lange, bis dass Fleisch quasi roh ist, und fütterst es dann. Manchmal hilft es auch, ein besonderes leckeres Öl wie Hanföl oder Leinöl mit dazuzugeben. Oder Du probierst erst einmal aus, welches Gemüse oder Obst Dein Hund am liebsten mag, und gibst zu Beginn nur dieses mit in den Napf. Auch das bewirkt manchmal wahre Wunder. Was Du ebenfalls in Betracht ziehen solltest, wenn Dein Hund das Futter nicht anrührt, ist die Stückgröße. Zu große Stücke oder aber gewolftes Fleisch mögen nicht alle Hunde.

Ein weiterer Trick ist die Zugabe von ein paar Gewürzen. Mehr dazu im Kapitel 12.

7.3 „NEBENWIRKUNGEN" DER UMSTELLUNG

Wenn Dein Hund bisher nur Fertigfutter bekommen hat, vielleicht auch schon ein paar gesundheitliche Probleme (dadurch) bekommen hat und nun auf Frischfleischfütterung umgestellt wird, kann es sein, dass er durchaus ein paar „Nebenwirkungen" zeigt. Diese sind jedoch keinesfalls ein Zeichen dafür, dass das Futter schlecht ist, sondern eher ein Ausdruck davon, dass sein Körper sich umstellt und teilweise sogar beginnt, zu entgiften. Der Körper ist das bisherige Futter gewohnt. Magensäure und Verdauungstrakt haben sich auf die bisherige Art der Fütterung eingestellt. Nun kommt Fleisch ins Spiel und der Körper des Hundes wird vor eine neue und ziemlich große Aufgabe gestellt. Die Magensäure muss sich anpassen und der Organismus erhält auf einmal alle Nährstoffe in ihrer Reinform und nicht mehr in der meist künstlich hergestellten, synthetischen Variante. Das kann, bei manchen Hunden zumindest, dazu führen, dass sie eine kurze Zeit lang schlechter aussehen als zuvor. Das heißt:

- Das Fell wird stumpf.
- Er nimmt ab.
- Er kann weichen Kot bekommen.
- Er ist etwas müde.

Das sind alles keine Gründe zur Beunruhigung. Dieser Umstellungsprozess ist wichtig und muss stattfinden. Wenn Dein Hund auf die Umstellung reagiert, zeigt es Dir, dass die neue Art zu füttern bereits Wirkung zeigt. Achte jedoch darauf, dass diese „Nebenwirkungen" wirklich nur zeitlich begrenzt sind. Maximal 1-2 Wochen sollte das so gehen.

Danach solltest Du in jedem Fall feststellen können, wie sich Haut, Fell, Augen etc. erholen und Dein Hund vitaler wird. Gerade wenn Dein Hund stark auf die Umstellung reagiert, solltest Du zu Beginn leicht verdauliche Fleischsorten wie Pute, Huhn oder Truthahn wählen und mit der Ergänzung mit Obst, Gemüse und Kohlenhydraten ein wenig warten bzw. die Menge langsam steigern. So machst Du es Deinem Hund ein wenig leichter, mit dem neuen Futter klarzukommen. Sollte der schlechtere Zustand länger anhalten, wäre in jedem Fall abzuklären, ob nicht etwas anderes dahintersteckt, wie Darmparasiten oder eine andere Erkrankung!

Zum Thema Entgiftung und den Begleiterscheinungen findest du weitere Informationen im Kapitel 12.17.

8 Notwendige Ausstattung

Die Fütterung mit rohem Fleisch ist an sich recht unkompliziert. Eine gewisse „Ausstattung“ ist in der Regel nicht von Nöten. Jedoch ist, je nachdem von wo Du das Fleisch beziehst und wie viel du bei jedem Einkauf mitnimmst, entweder ein Kühlschrank oder aber ein Tiefkühlschrank bzw. eine Tiefkühltruhe notwendig. Ein Kühlschrank ist ja normalerweise sowieso in jedem Haushalt vorhanden. Wenn du allerdings nicht möchtest, dass Rinderpansen und Co. neben Deiner Wurst und Deinem Käse liegen und auftauen, dann ist ggf. ein zweiter Kühlschrank notwendig.

Wenn Du frisches Fleisch zum Beispiel über den Metzger Deines Vertrauens beziehst und immer nur die Mengen kaufst, die Du in den nächsten 3 bis 4 Tagen verfütterst, reicht ein kleiner Kühlschrank, natürlich abhängig davon, wie groß Dein Hund ist oder ob Du gar mehrere Vierbeiner hast, meist vollkommen aus. Möchtest Du jedoch über einen der vielen Onlineshops bestellen, so beträgt dort die empfohlene Abnahmemenge (allein schon wegen der ausreichenden Kühlung im Paket) meistens 26-28 Kilogramm je Bestellung bzw. je Karton. Das Fleisch kommt dann tiefgefroren bei Dir an und Du benötigst zur Lagerung einen großen Tiefkühlschrank oder eine Tiefkühltruhe. Je nachdem wie groß Dein Hund ist oder ob Du mehrere Hunde hast, reichen 28 kg nicht allzu lange und oftmals bieten die Shops einen günstigeren Versand an, wenn man direkt 56 kg bestellt. Dann sollte die Tiefkühltruhe dementsprechend groß sein.

Je nachdem wie eilig Du es mit dem Auftauen hast, kannst du das Fleisch über Nacht bzw. innerhalb von 24 Stunden im Kühlschrank auftauen lassen. Soll es schneller gehen, brauchst Du das Fleisch nur auf die Küchenarbeitsplatte legen und bei Raumtemperatur auftauen lassen.

Wenn es einmal noch schneller gehen soll, zum Beispiel weil Du vergessen hast, das Fleisch rechtzeitig aus dem Kühlschrank oder dem

Tiefkühler zu nehmen, kannst Du das Fleisch in der Packung auch in einem warmen Wasserbad auftauen lassen.

Aber Achtung: Sorge beim Auftauen immer dafür, dass Sauerstoff an das Fleisch gelangen kann! Öffne also die Packung des Fleisches immer ein wenig (ein Einstechen der Packung reicht), da sonst die Gefahr besteht, dass sich Botulinumtoxine bilden, die für Mensch und Tier sehr gefährlich sind! Bläht sich eine Fleischpackung während des Auftauens auf, darfst Du dieses Fleisch auf keinen Fall mehr füttern! Das Aufblähen der Packung ist ein sicheres Zeichen für den Befall mit Clostridium botulinum, das für die Produktion des Botulinumtoxins verantwortlich ist.

Tipp: Wenn Du auf Deinen ökologischen Fußabdruck achten möchtest und beispielsweise möglichst wenig Plastikmüll verursachen möchtest, dann kannst Du auch die größtmöglichen Packungen kaufen, sie leicht antauen lassen, zerteilen und den Rest, den Du gerade nicht brauchst, problemlos wieder einfrieren und später verwenden. So brauchst Du nicht vier 250-g-Packungen kaufen, sondern kannst direkt eine 1-kg-Packung nehmen und das Fleisch daraus portionieren.

Für den Fall, dass Du mal einen ganzen Pansen bekommen hast oder generell Fleisch in großen Stücken kaufst und nicht davon ausgehst, dass Dein Hund dieses im Ganzen auch bezwingen kann, ist natürlich ein scharfes Messer notwendig, um das Fleisch oder die Innereien zu zerteilen.

Weitere Utensilien wären dann nur Dinge, die Du wahrscheinlich sowieso schon zuhause hast. Nämlich Dinge wie: Schneidebrett, Gemüsemesser, Ess- und Teelöffel.

Falls Du Dich davor ekelst, das rohe Fleisch anzufassen, oder es für Dich hygienischer ist, wären noch Einmalhandschuhe von Vorteil. Diese belasten jedoch die Umwelt. Hinterfrage also, ob diese Handschuhe wirklich notwendig sind.

Außerdem solltest Du einen guten Flächendesinfektionsreiniger sowie generell gute Reinigungsmittel besitzen, mit dem Du sowohl die Arbeitsflächen als auch sämtliche andere Dinge, die mit dem Fleisch in

Berührung gekommen sind, sowie den Napf Deines Hundes, reinigen kannst. Denn eine sehr gute Hygiene ist das A und O beim Umgang mit Lebensmitteln, insbesondere mit rohem Fleisch!

Für die Verwendung von Pulver, wie zum Beispiel Eierschalenpulver, oder auch getrockneten Kräutern wie Thymian wäre außerdem eine Feinwaage sinnvoll, damit Du genauer abwiegen kannst und nicht überdosierst.

9 Barfen mit dem Thermomix

Der Thermomix erfreut sich mittlerweile recht großer Beliebtheit und bereichert viele Küchen. Als Arbeitserleichterung wird er oft gerade von berufstätigen Eltern genutzt, um Zeit zu sparen. Doch kann man dieses Wunderwerk der Technik auch für das Barfen nutzen?

Nun – Barfen bedeutet die Fütterung von rohem Fleisch. Somit wäre das Garen der Zutaten im Thermomix unsinnig und überflüssig. Doch die ein oder andere Verwendung gibt es, für die der Thermomix von Vorteil sein kann: Das Zerkleinern des Obstes und Gemüses zum Beispiel. Da Du ja mittlerweile weißt, dass Dein Hund pflanzliche Nahrungsbestandteile nur unter bestimmten Bedingungen verdauen und verwerten kann, kann Dir der Thermomix einiges an Arbeit abnehmen und somit auch einiges an Zeit einsparen.

Eine weitere Möglichkeit ist die Herstellung von Pulvern. Zum Beispiel wenn Du keine Knochen füttern möchtest und stattdessen Eierschalenpulver verwenden willst, dann kann Dir auch da der Thermomix gute Dienste leisten. Ein weiteres Pulver, das als Ergänzung sinnvoll sein kann, ist Hagebuttenpulver.

Doch wie genau kannst Du den Thermomix nun nutzen?

Zur Herstellung von Obst- und/oder Gemüsebrei brauchst Du Dir nur noch wenig Arbeit machen. Schneide einfach das Obst und Gemüse in grobe Stücke, entferne beispielsweise Kerne, wenn sie nicht fressbar sind, oder schäle sie, wenn die Schale für Hunde ungenießbar ist. Danach gibst Du das Stück in den Thermomix und schaltest ihn dann nur wenige Sekunden auf höchster Stufe ein. Kontrolliere einfach, wie fein der Brei bereits geworden ist, und wiederhole bei Bedarf den Vorgang, bis der Brei die gewünschte Struktur hat.

Zur Herstellung von Eierschalenpulver benötigst Du natürlich Eierschalen. Diese sollten von Bioeiern sein! Wenn Du also gern mal ein paar

Frühstückseier isst oder gerne backst, hebe die Schalen der Eier auf, wasche sie gut ab und trockne sie bzw. lass sie trocknen. Wenn Du genügend zusammenhast, kannst Du die Schalen in den Thermomix geben und auf höchster Stufe etwa 20 Sekunden häckseln. Wichtig: Das Pulver sollte möglichst fein sein, damit es optimal vom Körper Deines Hundes aufgenommen werden kann! Wenn das Pulver also noch zu grobkörnig ist, wiederhole den Vorgang so lange, bis aus den Schalen ein sehr feines Eierschalenpulver geworden ist.

Zur Herstellung von Hagebuttenpulver, welches besonders im Winter oder bei Krankheit sowie bei einem geschwächten Immunsystem eine sehr gute Ergänzung darstellt und mit einem hohem Vitamin-C-Gehalt punkten kann, benötigst Du getrocknete Hagebutten. Diese kannst Du beispielsweise im Internet bestellen oder in der Apotheke kaufen. Die Hagebutten können im Ganzen, jedoch ohne Grün, also ohne Stängel oder Blätter, pulverisiert werden. Gib sie dafür in den Thermomix und gehe ähnlich vor wie bei der Herstellung des Eierschalenpulvers. Auf höchster Stufe etwa 20 Sekunden häckseln und dann schauen, wie fein das Hagebuttenpulver ist. Dieses sollte ebenfalls möglichst fein pulverisiert sein. Wiederhole also, wenn nötig, den Vorgang, bis die gewünschte Konsistenz erreicht ist.

10 Bedarfsberechnung mit Beispielen

Im Kapitel 4 hast Du bereits etwas über die verschiedenen Barf-Modelle gelesen. Damit Du aber auch weißt, wie die Zusammensetzung der einzelnen Modelle aussieht, findest Du hier eine Übersicht mit Beispielberechnungen zu jedem einzelnen Modell. Als Grundlage für die Menge dient immer das Körpergewicht Deines Hundes. Beachte jedoch: Wenn Dein Hund zu dick ist und abnehmen soll, musst Du immer das Idealgewicht zu Grunde legen! Denn es nützt nichts, den Kalorienbedarf eines 30 kg schweren Hundes zu decken, wenn Dein Hund jedoch besser nur 25 kg wiegen sollte.

In der Regel wird bei einem mittelmäßig aktiven, gesunden Hund von einem Bedarf von 2,5 % des Körpergewichts ausgegangen. Ist Dein Hund jedoch aktiver, benötigt er ggf. mehr. Ist er ein bisschen faul, reichen meist 2 % des Körpergewichtes aus. Probiere einfach, womit Dein Hund sein Gewicht hält bzw. sein Idealgewicht erreicht. Du kannst also den Bedarf jederzeit neu anpassen und die Aufteilung neu errechnen, wenn Du merkst, dass Dein Vierbeiner zu- oder abnimmt. Die Beispielrechnungen sind jedoch immer auf 2,5 % ausgelegt.

Da Du ja mittlerweile auch weißt, dass Dein Hund nicht jeden Tag sämtliche Nährstoffe in ausreichender Menge benötigt, kannst Du es Dir auch noch ein wenig einfacher machen, indem Du einmal den Tagesbedarf errechnest, diesen mal 7 nimmst (also für eine Woche zusammenrechnest), das Ganze ein wenig rundest (damit Du nicht beispielsweise 27,8 g von etwas füttern musst, sondern eben 28 g oder auch 30 g) und dann die Gesamtmenge einfach auf die 7 Tage aufteilst. Somit weißt Du, dass Dein Hund in der Woche beispielsweise 175 g Innereien bekommen soll. Du brauchst dann nicht jeden Tag 25 g füttern, sondern kannst die 175 g einfach auf 2-3 Tage aufteilen und hast so eine besser abzuwiegende Menge und Dein Hund ist trotzdem mit allem Wichtigen versorgt.

Außerdem findest Du zu jedem Barf-Modell einen Beispiel-Wochenplan, damit Du einmal einen Eindruck davon bekommst, wie die Fütterung Deines Hundes aussehen könnte. Bei der Planung wird davon ausgegangen, dass 2x am Tag gefüttert wird und es werden ebenfalls die 2,5 % des Körpergewichts als Grundlage genommen.

BEDARFSBERECHNUNG NACH IAN BILLINGHURST

Ian Billinghurst gibt keinen genauen Futterplan vor. Jedoch gibt auch er bei seinem Fütterungsprinzip gewisse Aufteilungen an.
Die Grundlage dieser Fütterung sieht wie folgt aus:

- 60-80 % RFK (rohe fleischige Knochen) mit viel Fleischanteil
- 10-15 % Innereien wie Leber, Niere, Hirn, Pansen und Blättermagen
- einen gewissen Anteil an püriertem Gemüse
- der Rest kann durchaus auch aus Tischabfällen wie Nudeln, Kartoffeln und Reis bestehen.
- Ergänzt wird das Ganze mit Eiern, Hüttenkäse, Naturjoghurt sowie Bierhefe und Knoblauch.

Daraus ergibt sich als Beispiel für einen 10 kg schweren, mittelmäßig aktiven, gesunden Hund folgende Mengenangabe pro Tag:
2,5 % des Körpergewichts dienen als Grundlage = 250 g Gesamtmenge.
Diese Menge wird aufgeteilt auf ca. 150-200 g tierischen Anteil, ca. 25 g pflanzlichem Anteil sowie ca. 25 g sonstige Ergänzungen.

RFK	ca. 150-200 g
Innereien	ca. 25-38 g
Gemüse/Obst	ca. 25-38 g
Tischabfälle etc.	ca. 25-38 g

Daraus ergibt sich als Beispiel für einen 25 kg schweren, mittelmäßig aktiven, gesunden Hund folgende Mengenangabe pro Tag: 2,5 % des Körpergewichts dienen als Grundlage = 625 g Gesamtmenge.
Diese Menge wird aufgeteilt auf ca. 375-500 g tierischen Anteil, ca. 62-93 g pflanzlichen Anteil sowie ca. 62-93 g sonstige Ergänzungen.

RFK	ca. 375-500 g
Innereien	ca. 62-93 g
Gemüse/Obst	ca. 62-93 g
Tischabfälle etc.	ca. 62-93 g

Daraus ergibt sich als Beispiel für einen 45 kg schweren, mittelmäßig aktiven, gesunden Hund folgende Mengenangabe pro Tag 2,5 % des Körpergewichts dienen als Grundlage = 1125 g Gesamtmenge.
Diese Menge wird aufgeteilt auf ca. 675-900 g tierischen Anteil, ca. 112 g pflanzlichen Anteil sowie ca. 112 g sonstige Ergänzungen.

RFK	ca. 390-520 g
Innereien	ca. 65-98 g
Gemüse/Obst	Ca. 65-98 g
Tischabfälle etc.	ca. 65-98 g

WOCHENPLAN-BEISPIEL IAN BILLINGHURST

Beispiel 1 Tagesportion (Dienstag, Samstag)

300 g Innereien vom Lamm wie Pansen, Leber, Niere, Milz
100 g Tischabfälle wie gekochter Reis
etwas Hüttenkäse und ein Ei sowie 7 ml Öl (z. B. Olivenöl)

Beispiel 2 Tagesportion (Donnerstag)

300 g Gemüse wie Karotten, Fenchel und Feldsalat
100 g Tischabfälle wie gekochte Kartoffeln
etwas Hüttenkäse

Beispiel Wochenplan

	Montag	Dienstag	Mittwoch	Donnerst.	Freitag	Samstag	Sonntag
Morgens	400 g RFK	150 g Inn.	400 g RFK	150 g Gem.	400 g RFK	150 g Inn.	400 g RFK
Abends	380 g RFK	150 g Inn. 100 g TA	380 g RFK	150 g Gem. 100 g TA	380 g RFK	150 g Inn 100 g TA	380 g RFK

Inn. = Innereien / TA = Tischabfälle / Gem. = Gemüse / RFK = rohe fleischige Knochen mit viel Fleisch

BEDARFSBERECHNUNG NACH SWANIE SIMON

Die Grundlage dieser Fütterung sieht wie folgt aus:

80 % Fleischanteil
- davon 50 % gut durchwachsenes Muskelfleisch
- davon 20 % Pansen/Blättermagen
- davon 15 % Innereien
  - davon 1/3 Leber
- davon 15 % RFK (rohe fleischige Knochen)

sowie

20 % Pflanzenanteil
- davon 75 % Gemüse
- davon 25 % Obst.

Daraus ergibt sich als Beispiel für einen 10 kg schweren, mittelmäßig aktiven, gesunden Hund folgende Mengenangabe pro Tag:
2,5 % des Körpergewichts dienen als Grundlage = 250 g Gesamtmenge.
Diese Menge wird aufgeteilt auf 200 g tierischen Anteil und 50 g pflanzlichen Anteil.

Muskelfleisch	100 g
Pansen/BM	40 g

Innereien	30 g
davon Leber	10 g
RFK	30 g
Gemüse	38 g
Obst	12 g

Daraus ergibt sich als Beispiel für einen 25 kg schweren, mittelmäßig aktiven, gesunden Hund folgende Mengenangabe pro Tag:
2,5 % des Körpergewichts dienen als Grundlage = 625 g Gesamtmenge. Diese Menge wird aufgeteilt auf 500 g tierischen Anteil und 125 g pflanzlichen Anteil.

Muskelfleisch	250 g
Pansen/BM	100 g
Innereien	75 g
davon Leber	25 g
RFK	75 g
Gemüse	94 g
Obst	31 g

Daraus ergibt sich als Beispiel für einen 45 kg schweren, mittelmäßig aktiven, gesunden Hund folgende Mengenangabe pro Tag:
2,5 % des Körpergewichts dienen als Grundlage = 1125 g Gesamtmenge. Diese Menge wird aufgeteilt auf 900 g tierischen Anteil und 225 g pflanzlichen Anteil.

Muskelfleisch	450 g
Pansen/BM	180 g
Innereien	135 g
davon Leber	55 g
RFK	135 g

Gemüse	169 g
Obst	56 g

WOCHENPLAN-BEISPIEL SWANIE SIMON

Beispiel 1 Tagesportion (Dienstag)

250 g Muskelfleisch vom Huhn wie Hühnerbrust

130 g Gemüse wie Karotte und Chicorée

80 g Obst wie Apfel und Banane

175 g Lammpansen

1 oder 2 Kräuter (frisch od. getrocknet), z. B. Petersilie und/oder Borretsch

7 ml Öl, zum Beispiel Hanföl

Beispiel 2 Tagesportion (Sonntag)

250 g Muskelfleisch vom Pferd

130 g Gemüse wie Pastinake und Fenchel

80 g Obst wie Himbeeren und Apfel

175 g Innereien vom Pferd wie Niere, Milz und Lunge

1 oder 2 Kräuter (frisch od. getrocknet), z. B. Kerbel und/oder Knoblauch

7 ml Öl, zum Beispiel Borretschöl

Beispiel-Wochenplan

	Montag	Dienstag	Mittwoch	Donnerst.	Freitag	Samstag	Sonntag
Morgens	125 g MF 175 g RFK	125 g MF 130 g Gem.	125 g MF 175 g RFK 175 g Pans.	125 g MF 130 g Gem.	125 g MF 80 g Obst	125 g MF 175 g RFK	125 g MF 130 g Gem.
Abends	125 g MF 90 g Leber	125 g MF 80 g Obst	125 g MF 130 g Gem.	125 g MF 175 g Inn	125 g MF 90 g Leber	125 g MF 130 g Gem.	125 g MF 80 g Obst

	175 g Pans.	175 g Pans.			175 g Pans.		175 g Inn.

Inn. = Innereien / Gem. = Gemüse / MF = Muskelfleisch / Pans. = Pansen / RFK = rohe fleischige Knochen

BEDARFSBERECHNUNG NACH MOGEN ELIASEN

Die Bedarfsberechnung ist im Prinzip dieselbe wie bei Swanie Simon. Lediglich die Menge pro Tag bzw. die Häufigkeit der Fütterung ist anders.

Wochenplan-Beispiel Mogen Eliasen

Beispiel 1 Tagesportion (Montag, Freitag)

560 g Muskelfleisch vom Pferd

220 g Lammpansen

165 g Innereien vom Pferd wie Niere, Lunge, Milz

165 g RFK vom Lamm wie Brustbein

Beispiel 2 Tagesportion (Dienstag, Sonntag)

560 g Muskelfleisch vom Rind

220 g Blättermagen vom Rind

165 g Innereien vom Rind wie Milz, Herz, Lunge, Niere

165 g RFK vom Rind wie Rindersandknochen

Beispiel-Wochenplan ohne pflanzlichen Anteil

	Montag	Dienstag	Mittwoch	Donnerst.	Freitag	Samstag	Sonntag
Morgens	560 g MF 220 g Pans.	---	560 g MF 220 g BM	---	560 g MF 220 g Pans.	---	560 g MF 220 g BM
Abends	165 g Inn.	---	165 g Inn.	---	165 g Inn.	---	165 g Inn.

	165 g RFK		165 g RFK		165 g RFK		165 g RFK

Inn. = Innereien / Gem. = Gemüse / MF = Muskelfleisch / Pans. = Pansen / RFK = rohe fleischige Knochen / BM = Blättermagen

Beispiel-Wochenplan mit pflanzlichem Anteil

	Montag	Dienstag	Mittwoch	Donnerst.	Freitag	Samstag	Sonntag
Morgens	440g MF 175g Pans.	55g Obst 65g Gem.	440g MF 175g Pans.	55g Obst 65g Gem.	440g MF 175g Pans.	55g Obst 65g Gem.	440g MF 175g Pans.
Abends	130g Inn. 130g RFK	100g Gem.	130g Inn. 130g RFK	100g Gem.	130g Inn. 130g RFK	100g Gem.	130g Inn. 130g RFK

Inn. = Innereien / Gem. = Gemüse / MF = Muskelfleisch / Pans. = Pansen / RFK = rohe fleischige Knochen

BEDARFSBERECHNUNG FÜR PMR (PREY MODEL RAW)

Die Grundlage dieser Fütterung sieht wie folgt aus:

80 % Fleisch mit einem Fettanteil von 15-20 %

dazu gehören sowohl das Muskelfleisch als auch Sehnen, Bindegewebe etc., aber auch Zunge, Magen etc.

10 % RFK

10 % Innereien

davon 50 % Leber

Daraus ergibt sich als Beispiel für einen 10 kg schweren, mittelmäßig aktiven, gesunden Hund folgende Mengenangabe pro Tag:

2,5 % des Körpergewichts dienen als Grundlage = 250 g Gesamtmenge.
Diese Menge wird nicht aufgeteilt, da sie rein aus tierischen Bestandteilen besteht und es keine pflanzliche Komponente gibt.

Fleisch	200 g
RFK	25 g
Innereien	25 g
davon Leber	12,5 g

Daraus ergibt sich als Beispiel für einen 25 kg schweren, mittelmäßig aktiven, gesunden Hund folgende Mengenangabe pro Tag:
2,5 % des Körpergewichts dienen als Grundlage = 625 g Gesamtmenge.
Diese Menge wird nicht aufgeteilt, da sie rein aus tierischen Bestandteilen besteht und es keine pflanzliche Komponente gibt.

Fleisch	500 g
RFK	62 g
Innereien	62 g
davon Leber	31 g

Daraus ergibt sich als Beispiel für einen 45 kg schweren, mittelmäßig aktiven, gesunden Hund folgende Mengenangabe pro Tag:
2,5 % des Körpergewichts dienen als Grundlage = 1125 g Gesamtmenge.
Diese Menge wird nicht aufgeteilt, da sie rein aus tierischen Bestandteilen besteht und es keine pflanzliche Komponente gibt.

Fleisch	900 g
RFK	113 g
Innereien	113 g
davon Leber	57 g

WOCHENPLAN-BEISPIEL PREY MODEL RAW

Beispiel 1 Tagesportion (Montag, Mittwoch, Sonntag)

500 g Muskelfleisch vom Pferd

150 g RFK vom Fleisch wie Pferderippe

70 g Innereien vom Pferd wie Niere, Milz und Lunge

Beispiel 2 Tagesportion (Dienstag, Donnerstag, Samstag)

500 g Muskelfleisch vom Huhn

70 g Leber vom Huhn

Beispiel-Wochenplan

	Montag	Dienstag	Mittwoch	Donnerst.	Freitag	Samstag	Sonntag
Morgens	250 g MF 150 g RFK	250 g MF	250 g MF 150 g RFK	250 g MF	250 g MF	250 g MF	250 g MF 150 g RFK
Abends	250 g MF 70 g Inn.	250 g MF 70 g Leber	250 g MF 70 g Inn.	250 g MF 70 g Leber	250 g MF 70 g Inn.	250 g MF 70 g Leber	250 g MF 70 g

BEDARFSBERECHNUNG FÜR WHOLE PREY

Die Grundlage dieser Fütterung besteht aus einem ganzen Beutetier. Die einzige „Berechnung", die zu tätigen ist, ist die Ermittlung des täglichen Bedarfs. Je nachdem wie groß das Beutetier ist, kann es auch mal sein, dass Dein Hund an einem Tag ein ganzes Kaninchen verspeist, dafür am nächsten Tag aber deutlich weniger Hunger hat und dann nur eine Kleinigkeit frisst. Du musst also nicht das Beutetier aufteilen und jeden Tag „grammgenau" füttern. Rechne Dir einfach aus, wie viel Dein Hund innerhalb einer Woche bekommen sollte und schaue, dass Du dieses Gewicht mit den Beutetieren erreichst.

2,5 % des Körpergewichts dienen auch hier als Grundlage.

Daraus ergibt sich als Beispiel für einen 10 kg schweren, mittelmäßig aktiven, gesunden Hund folgende Mengenangabe pro Tag: 250 g. Das ergibt ein Gesamtgewicht an Futter in einer Woche: 1750 g

Daraus ergibt sich als Beispiel für einen 25 kg schweren, mittelmäßig aktiven, gesunden Hund folgende Mengenangabe pro Tag: 625 g. Das ergibt ein Gesamtgewicht an Futter in einer Woche: 4375 g.

Daraus ergibt sich als Beispiel für einen 45 kg schweren, mittelmäßig aktiven, gesunden Hund folgende Mengenangabe pro Tag: 1125 g. Das ergibt ein Gesamtgewicht an Futter in einer Woche: 7875 g

Wochenplan-Beispiel Whole Prey

	Montag	Dienstag	Mittwoch	Donnerst.	Freitag	Samstag	Sonntag
Morgens	Kaninchen (ca. 700 g)	Sprotten (ca. 600 g)	Küken (ca. 300 g)	Kaninchen (ca. 700 g)	Meerschw. (ca. 600 g)	Sprotten (ca. 650 g)	Stubenkük. (ca. 400 g)
Abends	---	---	Ratten (ca. 350 g)	---	---	---	Küken (ca. 250 g)

FÜTTERUNG VON TRÄCHTIGEN HÜNDINNEN

Die Fütterung einer trächtigen oder säugenden Hündin ist eine ganz andere Sache als die Fütterung eines Hundes, der gerade keine so große Aufgabe zu bewältigen hat. Eine Hündin, die trächtig ist, hat einen ganz anderen Bedarf, welcher unbedingt gedeckt werden muss, damit es nicht zu Schädigungen an den Welpen oder der Mutterhündin kommt. Hier findest Du eine Übersicht darüber, wie eine trächtige oder säugende Hündin gefüttert werden sollte und worauf Du besonders achten musst.

Trächtigkeit

In den ersten 4 Wochen der Trächtigkeit ist der Bedarf wie immer. Du solltest nur darauf achten, dass die Hündin wirklich mit allen notwendigen Nährstoffen und Spurenelementen versorgt wird. Nach der 4. Woche steigt der Bedarf. Je nach Anzahl der Welpen und dem körperlichen Zustand der Hündin sollte die Ration pro Woche um etwa 10 % steigen. Maximal sollte jedoch die 1,5-fache Menge der normalen Ration gefüttert werden, da es sonst zu einer Überversorgung kommen kann, die sich dann in Übergewicht zeigen kann. Übergewicht kann bei der Geburt zu Komplikationen führen! Beobachte deshalb Deine Hündin gut. Sie sollte weder ab- noch großartig zunehmen (optisch natürlich! Der Bauch wird definitiv wachsen, wenn die Welpen größer werden). Die Rippen sollten also weiterhin mit leichtem Druck fühlbar sein. Ein weiterer Punkt ist, dass die tägliche Ration im Laufe der Trächtigkeit auf 3 bis 4 Mahlzeiten verteilt werden soll, da durch die heranwachsenden Welpen im Bauch der Hündin der Magen etwas eingeengt wird und nicht mehr so viel Volumen hat.

Um Übelkeit und Erbrechen zu verhindern, sollte daher die Ration aufgeteilt werden. Ebenfalls zu beachten ist, dass zum Ende der Trächtigkeit auf die Fütterung von Knochen möglichst weitgehend verzichtet werden sollte, da die Gefahr des Knochenkots zum Ende der Trächtigkeit verhindert werden soll. Greife dann besser auf ein Kalziumpräparat, wie zum Beispiel Eierschalenpulver, zurück, um den Kalziumbedarf zu decken.

Ein Geheimtipp sind Himbeerblätter. Sie versorgen die Hündin mit Vitamin C, stärken den Uterus und erleichtern den Geburtsvorgang. Sie können entweder als Tee aufgebrüht gegeben werden (abgekühlt natürlich!) oder gerieben unter das Futter gemischt werden.

Laktation

Während die Hündin die Welpen säugt, steigt ihr Bedarf massiv an. Während sie während der Trächtigkeit maximal das 1,5-fache ihrer normalen Ration bekommen sollte, kann die Ration nun bis auf das 2,5-fache angehoben werden. Je nach Anzahl der Welpen ist der Bedarf wirklich immens. Um die Milchbildung zu gewährleisten, sollte Deine Hündin daher immer ausreichend versorgt sein und alle Nährstoffe und Spurenelemente erhalten. Um die Milchbildung zu unterstützen, hat sich die Fütterung von Eiern und Haferflocken bewährt. Falls sie sie frisst, sind Fenchel und Dill sehr gute Milchbildner. Verzichte während der Laktation auf Petersilie, da diese die Milchbildung hemmen kann, ebenso wie Sellerie.

Sobald die Welpen etwa 4 Wochen alt sind, kannst Du beginnen, ihnen ebenfalls feste Nahrung anzubieten. Sie erhalten dasselbe wie ihre Mutter: Barf. Weitere Informationen dazu findest Du im nächsten Kapitel.

Sobald die Welpen älter werden und weniger Milch zu sich nehmen, kannst Du beginnen, die Ration für Deine Hündin langsam wieder zurückzudrehen, bis Du wieder bei der normalen Ration angekommen bist. Behalte Deine Hündin aber auch dann weiterhin im Auge, ob sie ggf. abbaut und doch noch eine Zeit lang etwas mehr Bedarf hat.

FÜTTERUNG VON WELPEN

Die Geburt von Welpen ist ein wahnsinnig tolles Ereignis. Jedoch sollte man es sich gut überlegen, ob man sich dieser Aufgabe gewachsen fühlt. Die kleinen Würmchen brauchen viel Pflege und Aufmerksamkeit. Man legt als Züchter den Grundstein für ihr späteres Leben. Jede Deiner Entscheidungen hat Auswirkungen auf die Welpen. Du bist dafür verantwortlich, sie ausreichend zu versorgen, sie zu sozialisieren und ihnen die Angst vor nahezu allem Unbekannten zu nehmen. Das ist quasi ein Fulltime-Job. Sobald die Kleinen die Augen und Ohren offen haben und beginnen die Welt zu erkunden, beginnt Deine Verantwortung. Und natürlich beginnt dann auch die artgerechte Fütterung der kleinen Welpen. Doch spezielles Welpenfutter war gestern! Wer wirklich einen guten Grundstein für eine gesunde Entwicklung legen will, füttert den Kleinen das, was sie brauchen und auch optimal verwerten können: Fleisch. Darum ist es auch absolut nicht abwegig, Welpen zu barfen. Aber auch hier sollte man sich im Vorfeld informieren, was die kleinen Würmer brauchen, um groß und stark zu werden. Und damit Du auf Deinen Wurf vorbereitet bist, bekommst Du hier eine Übersicht darüber, was Du für die Fütterung der Welpen benötigst.

Ab wann fressen Welpen?

Wenn die Welpen auf die Welt kommen, sind sie blind, taub und haben auch noch keine Zähne. Diese brechen erst durch, wenn die Kleinen zwischen 3 und 6 Wochen alt sind. Das ist auch die Zeit, wenn sie anfangen, sich neben der Milchbar von Mama auch für ihr Futter im Napf zu interessieren. Und somit ist das dann auch der Zeitpunkt, an dem du anfangen kannst, die Welpen zuzufüttern. Da die Zähne ja eine Weile brauchen, bis sie alle durchgebrochen sind und zu einem wirklichen Fleischfressergebiss werden, sollte die erste Nahrung möglichst breiartig sein, damit die Welpen es auch problemlos fressen können. Dafür kannst Du auf gewolftes Fleisch zurückgreifen. Besonders gut eignen sich leicht verdauliche Fleischsorten mit wenig Fett, wie zum Beispiel Hühnchen und Pute. Aber auch mageres Rindfleisch oder Truthahnfleisch sind gut geeignet. Auch gewolfte Knochen, zum Beispiel Hühner- oder Putenhälse, sollten mit hineingemischt werden, damit die Kalziumversorgung gewährleistet ist. Denn gerade Kalzium ist sehr wichtig für die Entwicklung der Knochen. Aber Achtung: Übertreibe es mit dem Kalzium nicht! Zu viel Kalzium führt zu Wachstumsstörungen! Da jedoch gerade zu Beginn nur weiche Knochen mit viel Fleisch verfüttert werden, kann der Anteil an RFK ein wenig erhöht werden.

Verzichtet werden sollte zu der Zeit auf sämtliche pflanzliche Komponenten, da sich die Darmflora erst noch richtig entwickeln muss und mit pflanzlichen Stoffen noch nicht fertig wird.

Wie viel brauchen Welpen?

Die Aufteilung des Futters wird wieder nach dem Beutetierprinzip gemacht, nur ohne pflanzlichen Anteil. Das heißt:

70-75 % Muskelfleisch

10 % Innereien

15-20 % RFK

Die Gesamtmenge sollte bei Welpen etwa 4-6 % des Körpergewichts betragen. Sollten die Welpen nur wenig zunehmen oder gar abnehmen, kann die Menge auch in Ausnahmefällen auf bis zu 10 % des Körpergewichts erhöht werden. Natürlich muss hier nicht aufs Gramm genau gewogen und gefüttert werden. Welpen wissen schon, wie viel in ihren Magen passt. Außerdem sollte die Gesamtration des Tages auf 3 bis 5 Fütterungen aufgeteilt werden. Wichtig ist, die Welpen nicht zu dick zu füttern, da auch eine Überversorgung zu Problemen führen kann!

Achtung: Welpen legen schnell an Gewicht zu! Darum sollte regelmäßig gewogen werden und dementsprechend auch die Futtermenge angepasst werden.

Sobald die Welpen etwa 7 Wochen alt sind, ist ihr Milchgebiss in der Regel vollständig vorhanden. Ab diesem Zeitpunkt ist es den Welpen auch möglich, größere Fleischbrocken zu zerkauen und Du kannst ihnen auch Knochen, zum Beispiel in Form von ganzen Hühner- oder Putenhälsen, anbieten. Bei größeren Knochen, die vor allem härter sind, solltest Du darauf achten, dass die Welpen daran nicht zu sehr herumkauen, da es sonst passieren kann, dass ein Milchzahn abbricht und ggf. dafür sorgt, dass der nachfolgende Zahn schief durchbricht.

Wenn Du diese Dinge befolgst und auf die gute Entwicklung der Welpen achtest, dann kannst Du Dir sicher sein, dass Du einen wirklich guten und soliden Grundstein für eine gesunde Zukunft gelegt hast. Im Idealfall achtest Du dann außerdem darauf, dass die neuen Welpenbesitzer dem Thema Barf auch aufgeschlossen gegenüber sind und es für sie in jedem Fall in Frage käme, ihr neues Familienmitglied weiterhin zu barfen und somit weiterhin artgerecht zu ernähren.

FÜTTERUNG VON SPORTLICH GEFÜHRTEN HUNDEN

Auch sportlich geführte Hunde haben etwas andere Ansprüche an ihre Ernährung. Zwar bleibt auch hier das Grundprinzip des Beutetiers erhalten, jedoch haben sportliche Hunde, die sich sehr viel bewegen, einen teils deutlich erhöhten Energiebedarf. Je nach Sportart, Häufigkeit der Ausübung und auch Jahreszeit kann man davon ausgehen, dass der Bedarf an Energie etwa 20-50 % höher ist als bei normalen „Haushunden", deren einzige großartige Beschäftigung das Gassigehen und Fußgängerverbellen ist. Da Du ja bereits weißt, dass Hunde ihre Energie aus Fett beziehen, muss demnach die Fettration angepasst werden. Der Handel hält auch dafür Möglichkeiten bereit. Man kann in vielen Barf-Shops reines Tierfett, meist vom Rind oder Pferd, erwerben und so besser zufüttern.

Aber Achtung: Eine schlagartige Erhöhung des Fettes in der Nahrung kann zu Problemen führen! Steigere daher die Menge des Fettes nur langsam und prüfe, womit Dein Hund gut klarkommt, ohne zum Beispiel fettigen Durchfall zu bekommen. Es ist ebenfalls ratsam, nicht nur den tierischen Fettanteil, sondern auch die Ration des Öls ein bisschen zu erhöhen. Auch das Öl ist ja quasi reines Fett und gibt Energie. Aber auch hier gilt: nicht schlagartig erhöhen, sondern langsam steigern und ausprobieren, mit welcher Menge Dein Hund gut klarkommt.

Solltest Du beispielsweise im Zughundesport aktiv sein und auch im tiefsten Winter mit Deinen Hunden auf die Piste gehen, bietet es sich an, das Futter zu erwärmen. Das gibt nochmal einen größeren Energieschub und die Hunde sind von innen heraus aufgewärmt.

Wie bei allen Änderungen des Futterplans gilt: Achte auf das, womit Dein Hund gut klarkommt, womit er ausreichend Energie hat, keine Leistungsdefizite zeigt, aber auch keinerlei sonstigen Nebenwirkungen wie weichen Kot oder Hautprobleme. Das richtige Maß ist immer auch eine Gefühls- und Beobachtungssache. Du kennst Deinen Hund am besten und merkst, wenn es ihm an etwas mangelt oder es ihm mit einer bestimmten Futteraufteilung nicht gutgeht.

11 Innereien und Fett

Den Bestandteilen Innereien und Fett solltest Du etwas mehr Aufmerksamkeit schenken. Dies hat zum einen den Grund, dass Hunde ihre Energie vorwiegend aus Fett beziehen. Fütterst Du zu wenig Fett, raubst Du Deinem Hund damit die Grundlage für ein aktives und vitales Leben. Außerdem muss der Körper Deines Hundes die Energie aus anderen Dingen verstoffwechseln, was zum einen dazu führt, dass er Nährstoffe, die er eigentlich für etwas anderes bräuchte, für die Energiegewinnung aufwenden muss, und zum anderen entstehen bei dieser „unnatürlicheren" Verstoffwechselung Abfallfallprodukte, die die Entgiftungsorgane wie Leber und Niere stark belasten können. Dies kann über die Zeit, wenn der Fettgehalt im Futter nicht angepasst wird, auch zu Erkrankungen der jeweiligen Organe führen.

Bei den Innereien geht es eher um eine sinnvolle Aufteilung in der Futterration, damit Deinem Hund kein Nährstoff fehlt, er aber auch nicht überversorgt wird. Zudem führt ein zu hohes Maß an Leber zum Beispiel dazu, dass Dein Hund einen Überschuss an Vitamin A im Körper hat. Vitamine sind an sich natürlich sehr sinnvoll und auch lebensnotwendig, aber auch sie können überdosiert werden und manch überschüssige Menge kann nicht vom Körper ausgeschieden werden und führt dann zu Erkrankungen. Mal ganz unabhängig davon, dass ein zu viel an Leber meist auch zu Verdauungsstörungen wie pechschwarzem Durchfall führt. Welches Maß an Innereien und Fett ist also sinnvoll?

Beim Fett ist dies recht einfach zu beantworten:
Ist Dein Hund normal aktiv und ausgewachsen, sollte der Fettanteil im Futter etwa 15-20 % betragen. Das Fett kommt dabei in der Regel vom Muskelfleisch. Während wir als Anspruch haben, möglichst wenig fettes, sondern marmoriertes Fleisch auf dem Teller zu haben, brauchen unsere Hunde das Fett für ihre Energiegewinnung.

Ist Dein Hund sehr aktiv, weil Du mit ihm zum Beispiel Hundesport betreibst oder gar Zughundesport, dann benötigt er dementsprechend auch mehr Energie, also mehr Fett. Bei sehr aktiven Hunden sollte der Fettanteil im Futter demnach etwa 25 % betragen.

Ist Dein Hund jedoch eher ein „Couchpotato", braucht er weniger Energie und somit weniger Fett. Etwa 12-15 % sind dann angebracht.

Schlussendlich kannst Du die richtige Menge aber auch darüber ermitteln, womit Dein Hund am besten klarkommt und Du das Gefühl hast, dass er genügend Energie zur Verfügung hat.

Bei der Aufteilung der Innereien ist das ideale Verhältnis folgendes:

Von der berechneten Gesamtmenge an Innereien sollte

1/3 aus Leber

1/3 aus Herz

1/9 aus Niere

1/9 aus Milz und

1/9 aus Lunge bestehen.

Das ergibt bei einem 25 kg schweren Hund, der eine Gesamtfuttermenge von 650 g erhält, wovon 75 g Innereien sein sollten, eine Menge von 25 g Leber, 25 g Herz sowie 9 g Niere, 9 g Milz und 9 g Lunge. Da diese Mengen sich schwer abwiegen lassen, wäre es sinnvoll, direkt einen fertigen Innereien-Mix zu kaufen, den mittlerweile viele Barf-Shops anbieten. Achte dabei nur auf die richtige Verteilung. Um es Dir leichter zu machen, kannst Du den Bedarf Deines Hundes an Innereien einfach für 7 oder 14 Tage berechnen und dann den fertigen Innereien-Mix, der oftmals gewolft ist, einfach über diesen Zeitraum hinweg in der benötigten Menge füttern. So ist Dein Hund trotzdem mit allen wichtigen Bestandteilen versorgt und Du brauchst nicht jeden Tag aufs Neue ein paar Gramm Niere, Lunge und Milz abwiegen und kannst Dir trotzdem sicher sein, dass Dein Hund alles bekommt, was er benötigt.

12 Was darf in den Napf und was nicht?

Die große und auch wichtige Frage ist natürlich auch, was darf überhaupt alles verfüttert werden und was nicht. Damit Du einen Überblick darüber hast, was alles in den Napf darf, findest Du hier eine Auflistung aller gängigen Lebensmittel, die auch Dein Hund ohne Bedenken genießen darf.

Bedenke jedoch: Lasse im Idealfall 2 bis 3 Sorten „übrig", die nicht auf dem Speiseplan Deines Hundes landen und die Du füttern kannst, falls Dein Hund auf eine der gängigeren Fleischsorten allergisch reagiert!

12.1 FLEISCH

Rindfleisch
Lammfleisch
Truthahnfleisch
Putenfleisch
Antilopenfleisch
Kalbfleisch
Kängurufleisch
Pferdefleisch
Schlundfleisch vom Rind
Maulfleisch und Lefzen vom Rind
Herz
Rinderzunge
Kaninchen

12.2. GANZE BEUTETIERE

Kaninchen

Meerschweinchen

Mäuse

Ratten

Eintagsküken

Hühner/Hähnchen

Lamm

Pute

Wachteln

12.3 FISCH

Dorsch

Kabeljau

Lachs

Makrele

Dorade

Rotbarsch

Scholle

Seehecht

Seelachs

Forelle

Flussbarsch

Hecht

12.4 INNEREIEN

Lunge

Niere

Leber

Rindereuter

Pansen

Rinderpansen, grün und weiß
Blättermagen
Milz

12.5 KNOCHEN

Markknochen (nur zersägt und unter Beobachtung verfüttern)
Lammknochen
Hirsch- und Rehknochen
Rückenknochen vom Huhn
Nackenknochen vom Kalb
Hühnerhälse
Putenhälse
(mehr zur Knochenfütterung findest Du im Kapitel „Knochen richtig füttern")

12.6 MILCHPRODUKTE

Naturjoghurt
Hüttenkäse
Quark
Käse

12.7 GEEIGNETES GEMÜSE

Karotten (Möhren)
Zucchini
Kürbis
Feldsalat
Endiviensalat
Pastinaken
Chinakohl
Kartoffeln gekocht
Süßkartoffeln gekocht

Sellerie
Fenchel
Paprika rot
Tomaten, sehr reif
Blumenkohl, gedämpft
Brokkoli, gedämpft
Chicorée
Ingwer
Knollensellerie
Kohlrabi inklusive Blättern
Salate wie Eisbergsalat, Kopfsalat etc.
Spargel
Gurke
Romanesco, gedämpft
Rosenkohl, blanchiert
Schwarzwurzel, gegart
Weißkohl, gegart
Wirsing, gegart

12.8 BEDINGT GEEIGNETES GEMÜSE

Grünkohl, nur wenig füttern
Spinat, nur ohne Blattrippen und Stängel füttern
Rote Beete, nur geringe Mengen füttern
Mangold, nur geringe Mengen füttern
Rucola, nur geringe Mengen füttern
Knoblauch, nur in sehr geringen Mengen füttern

12.9 UNGEEIGNETES GEMÜSE

Bohnen
Hülsenfrüchte wie Sojabohnen, Erbsen und andere
Zwiebelgewächse wie Zwiebeln, Lauch etc.

unreife Tomaten

Paprika, gelb und grün

Avocado

Aubergine

12.10 GEEIGNETES OBST

Ananas, sehr reif bis überreif

Aprikosen

Äpfel

Birnen

Heidelbeeren

Brombeeren

Himbeeren

Erdbeeren

Bananen

Mango

Johannisbeeren

Kirsche, entkernt

Wassermelone, sehr reif

Pflaume

Papaya, ohne Kerne

12.11 BEDINGT GEEIGNETES OBST

Nektarine, nur wenig füttern

Physalis, nur wenig füttern

Kaki/Sharon, nur wenig füttern

Melone, sehr reif und nur wenig füttern

Orange, sehr reif und nur wenig füttern

Birne, sehr reif und nur selten füttern

Feige, nur selten und in geringen Mengen füttern

Mandarine, nur in geringen Mengen füttern

Pfirsich, nur überreif und wenig füttern
Preiselbeeren, nur sehr wenig füttern
Datteln, nur sehr wenig füttern
Holunder, nur gekocht füttern
Kiwi, sehr reif füttern
Mirabelle, überreif füttern

12.12 UNGEEIGNETES OBST

Weintrauben
Holunderbeeren
Kapstachelbeeren (Physalis)
Sternfrucht
Quitten

12.13 GEEIGNETE KRÄUTER

Petersilie
Basilikum
Dill
Borretsch
Kerbel
Liebstöckel
Brennnessel
Löwenzahn
Estragon
Alfalfa
Giersch
Schafgarbe
Sauerampfer
Ackerschachtelhalm
Rosmarin
Pfefferminz

Salbei

Koriander

12.14 HEILKRÄUTER

Katzenkralle

Johanniskraut

Himbeerblatt

Beinwell

Teufelskralle

12.15 ÖLE

Olivenöl, nativ und kaltgepresst

Hanföl

Borretschöl

Sesamöl

Nachtkerzenöl

Schwarzkümmelöl, sehr sparsam einsetzen!

Fischöle wie Lachsöl oder Dorschöl

Kokosöl

Rapsöl

Leinöl

Walnusskernöl

Distelöl

12.16 SONSTIGES

Gerstengras

Algen, Spirulina und Chlorella

Kresse

Pekannüsse

Haselnüsse

Paranüsse

Cashewnüsse

Mandeln, Achtung: Nicht zu verwechseln mit Bittermandeln!

12.17 GIFTIG

Xylit

Birkenzucker

Theobromin

Koffein

bestimmte Medikamente wie Aspirin, Ibuprofen etc.

Alkohol

Muskatnuss

DARF MAN SCHWEINEFLEISCH FÜTTERN?

Schweinefleisch ist ein „problematisches“ Fleisch, da es den Aujeszky-Virus in sich tragen kann. Infiziert sich Dein Hund mit diesem Erreger, bedeutet dies sein Todesurteil. Der Aujeszky-Virus, oder auch Herpes-suis-Virus 1 (SHV-1), ist ein Erreger, der von Schweinen übertragen wird, den Schweinen selbst jedoch nichts anhaben kann. Auch andere Fleischfresser wie Katzen und Wölfe, aber auch Wiederkäuer wie Schafe und Rinder, können sich mit diesem Virus infizieren. Für den Menschen ist der Erreger ungefährlich. Dennoch muss ein Befall, wenn er entdeckt wird, der zuständigen Behörde gemeldet werden. Deutschland gilt als aujeszkyfrei. Wenn das Schwein, von dem das Fleisch stammt, das verfüttert werden soll, in Deutschland geboren, aufgewachsen und auch geschlachtet worden ist, geht die Gefahr, dass es mit Aujeszky infiziert ist, also gegen Null. Dennoch besteht natürlich immer ein gewisses Restrisiko. Auch Wildschweinfleisch kann mit dem Virus infiziert sein! Um sicher zu gehen, solltest Du also auf die Verfütterung von Schweine- sowie Wildschweinfleisch, zumindest im rohen Zustand, verzichten.

Damit Du jedoch weißt, auf welche Symptome Du achten musst, falls Du Dich doch dazu entscheidest, Schwein zu füttern, sind hier die wichtigsten Symptome aufgelistet:

- starke Unruhe oder Abgeschlagenheit
- teils aggressives Verhalten
- Erbrechen, Durchfall
- starkes Speicheln/Sabbern
- sehr schneller Puls
- Fieber
- im späteren Verlauf starker Juckreiz an den Ohren und der Nase
- schließlich neurologische Störungen und Ausfälle
- Lähmungserscheinungen und Krämpfe

Erkrankt ein Hund an der sogenannten „Pseudowut", verstirbt er in der Regel innerhalb von 48 Stunden nach Aufnahme des Erregers. Da der Tod jedoch sehr grausam ist und der Hund sehr leidet, kommt man dem natürlichen Tod meist schon relativ frühzeitig mit der Einschläferung zuvor. Derzeit gibt es keinerlei Behandlungsmöglichkeit.

GROSSE STÜCKE ODER GEWOLFTES FLEISCH?

Die meisten Onlineanbieter verkaufen lediglich gewolftes Fleisch, meist schon fertig abgepackt in 200-, 500- oder 1000-g-Packungen. Doch ist gewolftes Fleisch wirklich besser als große Stücke? Leider nein. Gewolftes Fleisch hat bei wenigen Vorteilen leider auch viele Nachteile. So profitieren zwar ältere Hunde mit Zahnproblemen oder gar fehlenden Zähnen von fein gewolftem Fleisch, jedoch darf man nicht vergessen, dass gewolftes Fleisch eine sehr viel größere Oberfläche hat und somit Bakterien und Erregern ideale Bedingungen bietet. Gerade für kranke oder alte Hunde ist eine solche Verunreinigung des Fleisches oftmals eher ein Problem als für einen gesunden jüngeren Hund. Hinzu kommt, dass Du nie genau weißt, was eigentlich alles in dem fertig gewolften Fleisch enthalten ist, schlichtweg deshalb, weil man es nicht mehr erkennt. Auch wenn keinem Anbieter etwas unterstellt werden soll, so kann man sich eben nie zu 100 % sicher sein. Gerade bei hochgradig allergischen Hunden wäre bereits eine leichte Vermischung mit einer Proteinquelle, die er nicht verträgt, sehr schädlich. Ein weiterer Nachteil beginnt bereits bei der Fütterung: Der Hund kann das gewolfte Fleisch einfach hinunterschlucken, ohne kauen zu müssen. Somit fehlt die nötige Speichelproduktion, die den Nahrungsbrei geschmeidiger macht. Außerdem kann durch das schnelle Abschlucken kein Abrieb an den Zähnen stattfinden, wie es beim Kauen von größeren Stücken der Fall wäre, weswegen Zahnstein und Verfärbungen sowie Beläge leichtes Spiel haben. Dies tritt insbesondere dann auf, wenn man auch Knochen, zum Beispiel Hühnerhälse, ebenfalls gewolft verfüttert anstatt im Ganzen. Im Magen angekommen, wird der gewolfte Fleischbrei relativ schnell durchmengt und recht zeitnah in den Darm abgegeben. Dadurch können zum einen die Enzyme im Magensaft ihre Arbeit nicht ausreichend genug erledigen und die Nährstoffe nicht ausreichend aufspalten und zum anderen hat die Salzsäure des Magens nicht genügend Zeit, die ggf. vorhandenen Keime ausreichend zu bekämpfen, wodurch die Erreger in den Darm gelangen und beispielsweise zu Durchfallerkrankungen führen können.

Wenn es Dir, bzw. besser gesagt Deinem Hund, möglich ist, solltest Du daher auf große Fleischstücke, die so groß sein sollten, dass sie nicht im Ganzen geschluckt werden können, sowie auf ganze Knochen zurückgreifen, allein schon, um auch alle Vorteile der Rohfleischfütterung nutzen zu können, wie die natürliche Reinigung der Zähne, aber auch die ideale Aufnahme sämtlicher Nährstoffe.

KRÄUTER, PFLANZEN UND IHRE WIRKUNGEN

Im Kapitel 12 hast Du ja bereits erfahren, welche Kräuter im Napf Deines Hundes landen dürfen. Damit Du auch weißt, was welches Kraut bewirkt, findest Du hier eine Übersicht über die fressbaren Kräuter und ihre jeweiligen Wirkungen sowie die jeweilige Dosierungsempfehlung. Die Wirkungen der Pflanzen sind frisch jedoch meistens besser. Davon reichen dann meist ein paar Gramm aus oder bei Kräutern wenige Blätter.

Alfalfa	Unterstützt die Leber, hilft bei Gelenkserkrankungen, entsäuert *getrocknet 2-5 g je 10 kg, 1x täglich*
Ackerschachtelhalm	Stärkung des Bindegewebes, des Fells und der Krallen, bei Entzündungen der Harnwege *getrocknet 1-2 g je 10 kg, 1x täglich*
Astragaluswurzel	Fördert das Immunsystem, unterstützt die Herzgesundheit und die Nieren, wirkt entzündungshemmend *getrocknet 25-150 mg je kg, bis zu 3x täglich*
Basilikum	Wirkt antibakteriell, schützt die Leber und kann sowohl entzündungs- als auch schmerzhemmend sein *getrocknet 2-5 g je 10 kg, 1x täglich*
Bärlauch	Wirkt blutreinigend, hilft bei Magenproblemen *als Öl*, 10-30 Tropfen, 2x täglich über 7 Tage*
Bockshornklee	Stärkt das Immunsystem, hilft bei Atemwegsproblemen, wirkt blutreinigend, sorgt für ein glänzendes Fell *getrocknet 2 g je 10 kg, 1x täglich*
Borretsch	Wirkt entzündungshemmend, nervenberuhigend, entgiftend und harntreibend, löst Schleim und regt den Stoffwechsel an *als Öl 5-10 Tropfen je 10 kg, 1x täglich* *getrocknet 2-3 g je 10 kg, 1x täglich*
Brennnessel	Wirkt entzündungshemmend, abschwellend, lindert Allergiesymptome, unterstützt die Leber und die Prostata, wirkt harntreibend *Kraut oder Samen 50-600 mg je 10 kg, 1x täglich*
Brombeerblätter	Helfen bei Magen-Darm-Beschwerden wie Durchfall, sind hilfreich bei Atemwegsinfektionen *getrocknet, 0,5-2 g je 10 kg, 1x täglich*

Dill	Wirkt entzündungshemmend, milchfördernd, antibakteriell und antiviral und verdauungsfördernd **Nicht bei trächtigen Hündinnen anwenden (wirkt wehenfördernd)!** *getrocknet 2 g je 10 kg, 1x täglich*
Eibisch	Hilft bei Erkrankungen der Atem- und Harnwege, unterstützt die Verdauung, wirkt antibakteriell und stärkt das Immunsystem *Wurzel 25-300 mg je kg, 1x täglich*
Estragon	Wirkt krampflösend, wurmwidrig und fördert die Verdauung *getrocknet 1-2g je 10 kg, 1x täglich*
Fenchel	Unterstützt die Verdauung, lindert Magen-Darm-Beschwerden, hilft bei Verstopfung und Blähungen, unterstützt das Nervensystem, **erhöht die Milchproduktion**
Giersch	Regt den Stoffwechsel an, wirkt entzündungshemmend *getrocknet 2-3 g je 10 kg, 1x täglich*
Ginkgo	Schützt Gehirn und Nerven, hilft bei Herzerkrankungen, wirkt durchblutungsfördernd und nierenreinigend *getrocknet 100-300 mg je kg, 1x täglich*
Große Klette	Wirkt blutreinigend, unterstützt die Leber, wirkt entgiftend, hilft bei Hautproblemen *Wurzel 100-500 mg je kg, 1x täglich*
Hagebutte	Stärkt das Immunsystem, wirkt entzündungshemmend, hilft bei Rheuma und Arthritis, unterstützt das Magen-Darm-System, hilft bei Harnwegsinfekten *1-2 EL gemahlene Hagebutten je 20 kg, 1x täglich*
Himbeerblätter	Hilft trächtigen Hündinnen durch die Stärkung des Uterus, hilft, Fehlgeburten vorzubeugen, hilft gegen Übelkeit, erhöht die Fruchtbarkeit *getrocknet bis 2 EL je 20 kg, 1x täglich*
Ingwer	Wirkt antibakteriell und antiviral, stärkt das Immunsystem, wirkt entzündungshemmend *frisch 1-2 g je 10 kg, 1x täglich*
Johanniskraut	Hilft bei Gelenksschmerzen, wirkt krampflösend, entzündungshemmend und antiviral *getrocknet 1-2 g je 20 kg, 1x täglich*

Karde	Wirkt antibakteriell, entzündungshemmend, schweißtreibend, blutreinigend, verdauungsfördernd, stärkt das Immunsystem, hilft bei Gelenks- und Muskelschmerzen sowie Durchfall *als Tinktur 3 Tropfen je 10 kg, 2x täglich*
Katzenkralle	Stärkt das Immunsystem, unterstützt die Gelenkfunktion, fördert den Stoffwechsel *0,3 g je 10 kg, 1x täglich*
Kerbel	Wirkt blutreinigend, entgiftend, gut für Leber und Niere, regt den Stoffwechsel an *getrocknet 1-2 g je 10 kg, 1x täglich*
Koriander	Hilft bei Durchfall, Übelkeit und Blähungen, wirkt entgiftend *getrocknet 1-2 g je 10 kg, 1x täglich*
Klette	Wirkt entgiftend, blutreinigend, unterstützt die Leber, bekämpft „freie Radikale“ *Wurzel getr. 100-500 mg je kg, 1x täglich*
Knoblauch	Wirkt antibakteriell, antiviral, wurmwidrig, wehrt Zecken ab, unterstützt die Gefäßgesundheit *1 Zehe je 30 kg, 3x wöchentlich*
Kurkuma	Wirkt wurmwidrig, antibakteriell und unterstützt das Immunsystem, hilft bei Magen-Darm-Beschwerden, wirkt entzündungshemmend und kann die Hirnleistung steigern *als Pulver 50-100 mg je 5 kg, 1x täglich*
Liebstöckel	Wirkt krampflösend, entwässernd und verdauungsfördernd **Nicht an trächtige oder säugende Hündinnen verfüttern!** *getrocknet 1-2 g je 10 kg, 1x täglich*
Löwenzahn	Wirkt entgiftend und ist gut für Leber und Niere, wirkt verdauungsfördernd, hilft bei Magen-Darm-Beschwerden *getrocknet 2-3 g je 10 kg, 1x täglich*
Mariendistel	Unterstützt und reinigt die Leber, unterstützt die Niere und das Pankreas (Bauchspeicheldrüse), wirkt gegen Giardien *getrocknet 100-200 mg je 10 kg, 1x täglich*
Oregano	Wirkt antibakteriell und entzündungshemmend, lindert Verdauungsbeschwerden,

	hilft bei Durchfall und bekämpft „freie Radikale“ *getrocknet 0,5 g je 10 kg, 1x täglich*
Petersilie	Wirkt antibakteriell, entzündungshemmend und hilft bei Harnwegsinfekten sowie Nierenproblemen **Nicht an trächtige Hündinnen verfüttern!** *getrocknet 2-3 g je 10 kg, 1x täglich*
Pfefferminz	Hilft bei Blähungen, Bauchschmerzen und Durchfall *getrocknet 1-2 g je 10 kg, 1x täglich*
Quecke	Hilft bei Magen-Darm-Entzündungen, wirkt harntreibend, entwässernd, regt Stoffwechsel und Kreislauf an *getrocknet ½ - 1 EL je 10 kg, 1x täglich*
Rosmarin	Regt den Stoffwechsel an, wirkt aufputschend, hilft gegen Erschöpfung, wirkt appetitanregend **Nicht an Hunde mit Epilepsie verfüttern!** *getrocknet 0,5 g je 10 kg, 1x täglich*
Salbei	Wirkt entzündungshemmend, hilft bei Atembeschwerden **Nicht an Hunde mit Epilepsie verfüttern!** *getrocknet 0,5 g je 10 kg, 1x täglich*
Sauerampfer	Regt den Kreislauf an, hilft bei Blähungen, wirkt unterstützend für die Niere, fördert die Verdauung und wirkt appetitanregend *getrocknet 0,5 g je 10 kg, 1x täglich*
Schafgarbe	Wirkt appetitanregend, wirkt antiseptisch, hilft bei Magen-Darm-Beschwerden, wirkt durchblutungsfördernd **Nicht an trächtige Hündinnen verfüttern!** *getrocknet 0,5-1 g je 10 kg, 1x täglich*
„Slippery Elm Bark“, Rot-Ulmenrinde	Unterstützt die Darmgesundheit, beugt Magenschleimhautreizungen vor und hilft bei Atemwegserkrankungen *als Sirup, je nach Packungsanweisung*
Spitzwegerich	Wirkt antibakteriell, entgiftend, stärkt die Bronchien *als Sirup* 1 TL je 10 kg, 2x täglich*
Teufelskralle	Hilft bei Arthrose, regt den Appetit an, wirkt blutverdünnend, schmerzlindernd,

	entzündungshemmend und abschwellend *2 g je 10 kg, 1x täglich*
Thymian	Wirkt entzündungshemmend, antibakteriell, hilft bei Atembeschwerden *getrocknet 0,5 g je 10 kg, 1x täglich*
Vogelmiere	Wirkt harntreibend und entzündungshemmend *frisch 5-10 g je 10 kg, 1x täglich*
Ceylon Zimt	Wirkt entzündungshemmend, reguliert den Blutzucker und hilft bei Herzerkrankungen *gemahlen 1g je 10 kg, 1x täglich*
Zitronenmelisse	Hilft bei Herzbeschwerden, Magen-Darm-Problemen, wirkt krampflösend, entzündungshemmend *getrocknet 0,5-1 g je 10 kg, 1x täglich*

SIND GEWÜRZE ERLAUBT?

Wir mögen unser Essen gut gewürzt. Egal ob Salz, Pfeffer, Knoblauch, Curry, Majoran oder Kurkuma: Eine ausgewogene Mischung aus vielen Gewürzen macht das Essen schmackhafter und schließlich sind Gewürze ja auch gesund. Doch sollte das Futter Deines Hundes ebenfalls gewürzt werden? Oder sind Salz, Pfeffer und Co. sogar schädlich?

Nun, auch hier gilt wie bei so vielen Dingen: Die Dosis macht das Gift. Auch unsere Hunde sind beispielsweise auf Salz angewiesen. Dieses nehmen sie jedoch in der Regel durch das Fressen der Beutetiere zu sich, insbesondere durch deren Blut, weswegen eine zusätzliche Gabe von Salz normalerweise nicht notwendig ist. Wird jedoch kein bzw. nur wenig Blut gefüttert, ist eine Ergänzung ggf. sinnvoll. Die Gabe anderer Gewürze wie Pfeffer und Co. ist auch nicht zwingend erforderlich. Manche Hunde mögen ihr Futter dann jedoch lieber, weswegen die Gabe von Gewürzen zum Beispiel bei mäkeligen Hunden sinnvoll sein kann. So manches Gewürz, wie beispielsweise Pfeffer, kann auch einen positiven Nebeneffekt haben. So ist zum Beispiel eine Ergänzung mit Pfeffer sinnvoll, wenn Kurkuma gefüttert wird, da das wertvolle Curcumin besser vom

Körper aufgenommen wird, wenn gleichzeitig Pfeffer gegeben wird, da das enthaltene Piperin dabei hilft, eine höhere Bioverfügbarkeit herzustellen.

Knoblauch zum Beispiel hat eine abwehrende Wirkung gegen Zecken, enthält aber auch das giftige Allicin, welches in einer bestimmten (sehr hohen) Dosierung zu Vergiftungserscheinungen führen kann, jedoch auch gleichzeitig antibakteriell wirkt. Gut dosiert oder als fertiges Pulver speziell für Hunde kann Knoblauch jedoch sehr sinnvoll sein, zumal er blutreinigend wirkt und die Gefäßwände stärkt.

Weitere Gewürze, auch in Form von Kräutern, können bei bestimmten Erkrankungen auch durchaus sinnvoll sein. Grundsätzlich lässt sich festhalten: in geringen Mengen können Gewürze durchaus im Napf landen. Sie machen das Futter schmackhafter und können manchmal sogar sehr hilfreich sein. Aber bedenke, dass Du das Futter Deines Hundes nicht nach Deinem Geschmack würzen solltest, sondern lieber weniger und vorsichtiger dosiert. Da es kein reguläres, handelsübliches Gewürz gibt, welches bereits in geringen Mengen giftig für den Hund ist, kannst Du bei der Zubereitung des Futters ruhig in Dein Gewürzregal greifen.

GEHÖREN MOLKEREIPRODUKTE IN DEN NAPF?

Milchprodukte wie Joghurt und Käse genießen den Ruf, gut für die Darmgesundheit zu sein, da sie, neben guten Fetten und Proteinen, auch einige Bifidobakterienstämme enthalten. Hinzu kommt der Fakt, dass viele Hunde Milchprodukte wie Käse sehr gerne fressen und auch gerne als Leckerchen nehmen. Doch dürfen alle Milchprodukte verfüttert werden? Und wie sieht es mit der Verträglichkeit aus?

Grundsätzlich gilt für Hunde das Gleiche wie auch zum Beispiel für Menschen, aber auch andere Tiere: Mit einem gewissen Alter, wenn die Milch der Mutter nicht mehr benötigt wird, nimmt die Produktion von Laktase im Körper ab. Somit fällt es dem Körper schwerer, die Laktose in der Milch aufzuspalten, wodurch die Verträglichkeit der Milch sinkt und nach dem Konsum Symptome wie Durchfall, Erbrechen und Unwohlsein auftreten. Dementsprechend werden Milchprodukte mit einem niedrigen Laktosegehalt deutlich besser vertragen. Dazu zählen:

- Buttermilch
- Hüttenkäse
- Joghurt
- Kefir
- Quark
- Käse
- Schmand

Allerdings werden Kefir und Schmand eher weniger gut vertragen. Die anderen Milchprodukte, die gerade aufgezählt wurden, können jedoch problemlos verfüttert werden, auch wenn Du immer erst einmal testen solltest, ob Dein Hund das jeweilige Produkt verträgt. Ist dem so, können Milchprodukte durchaus mehrfach wöchentlich mit in die tägliche Portion gegeben werden. Das erhöht meist auch die Akzeptanz, wenn Dein Hund mäkelig sein sollte. Käse eignet sich außerdem als Leckerchen, da er oftmals sehr gern gefressen wird. Insbesondere „stinkige" Sorten wie Harzer Roller sind meist sehr beliebt und durch den geringen Laktosegehalt wird Käse oftmals sehr gut vertragen. Denke jedoch daran, dass gerade Käse meist einen sehr hohen Fettgehalt hat und bei Überfütterung zu Durchfall führen kann. Außerdem hat Käse ordentlich viele Kalorien und wenn Du nicht aufpasst, findet sich der Käse bald auf der Hüfte Deines Hundes wieder. Darum immer sparsam einsetzen und die Käsestückchen möglichst klein schneiden, damit Du ihn öfter geben kannst und er Deinen Hund trotzdem nicht dick macht.

GETREIDE FÜR DEN HUND?

Eines der umstrittensten Themen in der Hundeernährung: Gehört Getreide ins Futter? Wobei die wichtigeren Fragen wären:

- Profitiert der Hund davon?

- Kann er Getreide verdauen?
- Braucht er es?

Und wenn man diese Fragen ernsthaft betrachtet und beantwortet, wird schnell klar: Ein Hund braucht Getreide nicht. Sein Körper ist nicht darauf ausgelegt, Getreide zu verdauen. Zwar sollen neuere Untersuchungen festgestellt haben, dass Hunde das Enzym besitzen, welches für die Aufspaltung von Getreide notwendig ist und ihnen somit erlaubt, gewisse Mengen an Kohlenhydraten in Getreide aufzuspalten und somit zu verdauen, aber zum einen ist die Menge dieser Enzyme gering und zum anderen heißt das nicht zwingend, dass ein Hund Getreide auch braucht.

Manche Personen bringen als Argument hervor, dass verwilderte Hunde oder sämtliche Verwandte des Hundes Beutetiere im Ganzen fressen, also auch mit Magen- und Darminhalt, und dass die Beutetiere ja auch Getreide im Magen hätten. Aber ist das so? Nein. Getreide steht in der Regel nicht auf dem Speiseplan der typischen Beutetiere von Hunden, ausgenommen Mäuse und Ratten. Wobei auch diese nur dann auf Getreide zurückgreifen, wenn sie welches finden. Getreide wächst in der Regel nicht im Wald, wo die bevorzugten Beutetiere wie Hasen und Rehe leben, und kann somit auch nicht im Magen der Beutetiere vorhanden sein. Und selbst wenn, wäre es dort bereits vorverdaut und somit überhaupt erst verdaulich, denn auch Getreide müsste zuerst in irgendeiner Art und Weise aufgespalten werden, damit der Hund es verdauen kann. Und allein das zeigt doch schon, dass Getreide nicht auf den Speiseplan unserer Vierbeiner gehört.

Hinzu kommt, dass Getreide im Verdacht steht, Allergien auszulösen und zu teils massiven Verdauungsstörungen zu führen. Da die Verdauung des Getreides erst im Dünndarm so richtig beginnt und es dort nicht immer komplett aufgespalten werden kann, führt die Verdauung von Getreide oftmals zu Blähungen und/oder Durchfall.

Somit ist es in jedem Fall ratsamer, auf Getreide als Futterkomponente zu verzichten. Wenn Du trotzdem eine Kohlenhydratquelle ergänzen willst, findest Du im nächsten Kapitel ein paar Tipps, worauf Du dabei achten solltest.

GEHÖREN KOHLENHYDRATE IN DEN NAPF?

Für die meisten gehört in eine ausgewogene Mahlzeit auch eine Kohlenhydratkomponente. Ganz egal, ob Kartoffeln, Nudeln oder Reis. Aber ist das nicht eher menschliches Denken?

Nun, es gibt dazu die verschiedensten Standpunkte. Die einen sagen, ein Hund ist ein Fleischfresser und kein Allesfresser und ist deshalb nicht auf Kohlenhydrate im Futter angewiesen. Wieder andere sagen, dass Hunde eine Kohlenhydratquelle brauchen, um zum einen ihren Energiebedarf decken zu können und da sie zum anderen sonst zu viel Protein zu sich nehmen würden. Doch was stimmt?

Grundsätzlich ist der Körper des Hundes auf eine hohe Menge Protein ausgelegt und eingestellt. Wo wir bei uns schon an Nierenproblematiken denken durch zu viel Eiweiß, schadet dieses dem Hund in der Regel nicht. Aus dem Fleisch bezieht er außerdem das Serotonin, welches für ein gutes Gefühl und eine gute Stimmung sorgt und den Hund entspannter macht. Die Energie bezieht Dein Hund, wie Du ja bereits gelesen hast, aus Fett und nicht aus Kohlenhydraten. Somit ist auch dieses Argument hinfällig. Natürlich bieten Kohlenhydrate Stärke, welche durch bestimmte Enzyme recht schnell in Zucker umgewandelt werden kann, insofern die Kohlenhydratquelle richtig zubereitet wurde und der Hund über eine ausreichende Menge an diesen Enzymen verfügt. Dem ist jedoch nicht so bzw. nur bedingt. Hunde besitzen zwar das notwendige Enzym Amylase, um auch Stärke verdauen zu können, jedoch ist dieses Enzym nur in sehr geringen Mengen vorhanden. Das zeigt, dass Hunde nicht auf die Verdauung von Kohlenhydraten ausgelegt sind und auch nicht auf sie angewiesen sind. Hätte ein Hund jedoch mehr von diesen Enzymen, könnte er aus dem Zucker natürlich auch recht schnell, aber auch nur relativ kurzzeitig Energie gewinnen. Aber auf Dauer ist er auf diese Art der Energiegewinnung eben nicht angewiesen und auch nicht ausgelegt. Fett ist da in jedem Fall die bessere und vor allem natürlichere Variante.

Wenn Du jedoch trotzdem nicht auf eine Kohlenhydratquelle verzichten möchtest, vielleicht weil es Deinem Hund mit zu viel Proteinen nicht so gut geht oder Du Dir unsicher bist, ob Du ihm zu viel gibst, gibt es natürlich auch Dinge, die Du dann füttern kannst. Dazu gehören:

- Kartoffeln
- Süßkartoffeln
- Hirse
- Quinoa
- Buchweizen
- Amaranth
- Reis/Vollkornreis
- Nudeln/Vollkornnudeln

Doch was gibt es bei der Fütterung von Kohlenhydraten zu beachten? Grundsätzlich müssen alle Komponenten zuvor in irgendeiner Form zubereitet oder vorbereitet werden, damit der Hund sie überhaupt verdauen und verwerten kann. In der Regel ist dafür Kochen notwendig.

Hier eine Übersicht darüber, wie die jeweilige Kohlenhydratquelle zubereitet werden sollte, damit sie bestmöglich verdaut werden kann.

Kartoffeln: Sie dürfen niemals roh gefüttert werden. Wichtig ist außerdem, sämtliche grüne Stellen zu entfernen, da diese das giftige Solanin enthalten. Grünlich schimmernde Kartoffeln sollten ebenfalls nicht mehr im Napf landen, auch nicht gekocht. Als Zubereitung eignet sich sowohl das klassische Kochen als auch das Dampfgaren. Dampfgaren ist schonender und erhält mehr Vitamine, die sonst beim klassischen Kochen im Kochwasser landen. Die Sorte ist bei Kartoffeln egal.

Süßkartoffeln: Als Alternative zu Kartoffeln bieten sich Süßkartoffeln an. Viele Hunde mögen den leicht süßlichen Geschmack. Auch hier gilt: niemals roh füttern. Genau wie bei der normalen Kartoffel auch kann man Süßkartoffeln kochen oder dampfgaren.

Hirse: Hirse ist strenggenommen ein Gras und recht beliebt, nicht nur bei ernährungsbewussten Menschen. Alle Hirse-Sorten sind fütterbar. Hier hat es sich bewährt, die Hirse erst zu wässern und dann zu kochen. Noch besser verträglich und weniger aufwendig sind Hirseflocken, da diese bereits von der Schale befreit sind und durch ein mechanisches Verfahren aufgebrochen wurden. Diese brauchen dann nur noch in Wasser eingeweicht werden.

Quinoa: Quinoa ist ebenfalls ein Pseudogetreide und wird im Prinzip wie Hirse behandelt. Erst wässern, dann kochen. Auch hier bietet es sich an, statt dem Korn Quinoaflocken zu benutzen, die ebenfalls wie Hirseflocken nur noch eingeweicht werden müssen.

Buchweizen: Auch Buchweizen zählt zu den Pseudogetreidesorten und wird genauso behandelt wie Hirse oder Quinoa. Entweder wässern und kochen oder als Buchweizenflocken einfach nur wässern.

Amaranth: Das Gleiche gilt für Amaranth. Auch Amaranth gehört zum sogenannten Pseudogetreide und steht mittlerweile in fast jedem gut sortieren Supermarkt. Auch hier gilt: Entweder wässern und kochen oder als Amaranthflocken lediglich wässern.

Reis/Vollkornreis: Reis hat vermutlich so gut wie jeder im Schrank stehen. Und auch Reis kann an den Hund verfüttert werden. Auch Reis darf niemals roh verfüttert werden, sondern sollte vorher gekocht werden. Auch Milchreis ist fütterbar, natürlich ohne Milch, sondern in Wasser gekocht.

Nudeln/Vollkornnudeln: Auch Nudeln zählen zu den Dingen, die wohl jeder im Schrank stehen hat. Und auch Nudeln dürfen im Napf des Hundes landen. Besonders empfehlenswert sind Dinkelnudeln, da sie nicht aus Hartweizengrieß bestehen und außerdem glutenfrei sind. Auch hier gilt wieder: nicht roh füttern, sondern nur gekocht verfüttern.

Egal, für welche Kohlenhydratquelle Du Dich entscheidest: Die Menge an Kohlenhydraten pro Mahlzeit sollte 10-20 % nicht übersteigen.

WELCHE ÖLE SIND VORTEILHAFT?

Die Ergänzung des Futters mit Ölen ist in mehreren Hinsichten vorteilhaft. Zum einen kann so der Fettgehalt ein wenig angehoben werden und zum anderen bieten Öle einige Nährstoffe, die für den Körper des Hundes essentiell sind, wie zum Beispiel Omega 3 und Omega 6. Insbesondere die ungesättigten Fettsäuren sind sehr vorteilhaft in der Ernährung unserer Hunde, da diese vom Körper nicht selbst hergestellt werden können und durch die Fütterung zugeführt werden müssen. Natürlich nehmen Hunde diese Fettsäuren auch über das Fleisch auf, jedoch wird meist typischerweise Rind oder Huhn gefüttert. Diese Tiere enthalten von Natur aus weniger Omega-Fettsäuren als beispielsweise Wild. Darum ist es sinnvoll und oftmals auch notwendig, die fehlenden Fettsäuren in Form von Öl zum Futter dazu zu geben.

Hier eine Übersicht der geeigneten Öle, die gerne regelmäßig im Napf Deines Hundes landen können:

- Lachsöl
- Borretschöl
- Leinöl
- Hanföl
- Olivenöl
- Sesamöl
- Nachtkerzenöl
- Schwarzkümmelöl
- Dorschöl
- Kabeljauöl
- Walnussöl

Egal welches Öl – setze es immer mit Bedacht und nur in kleinen Mengen ein. Als ungefähre Faustregel gilt: ca. 0,3 ml je Kilogramm Gewicht. Das heißt, ein 10 kg schwerer Hund benötigt demnach 3 ml Öl. Bei einem 50 kg schweren Hund käme man dann aber bereits in einen Mengenbereich, der schon recht hoch ist. Darum heißt es hier: Ausprobieren! Teste aus, wie viel Dein Hund verträgt. Typische Nebenwirkungen einer Überdosierung sind: Gewichtszunahme (durch die vielen Kalorien), schlechter Atem sowie Durchfall und Unwohlsein.

Bei der regelmäßigen Fütterung von Öl solltest Du außerdem für Abwechslung sorgen. Das heißt, nur ein Öl reicht nicht. Wechsle 2 oder 3 Sorten immer mal wieder ab.

Ein spezielles Öl ist das sogenannte „3-6-9"-Öl. Es besteht meist aus der Kombination verschiedener Öle und oftmals zusätzlich auch noch Vitamin E. Beim Kauf dieses Öls solltest Du aber darauf achten, dass es ein Öl für Hunde ist und nicht für Menschen, da das „3-6-9"-Öl für Menschen meist reinweg aus Pflanzenölen besteht.

SPEZIELLE NAHRUNGSERGÄNZUNGSMITTEL UND ZUSÄTZE?

Wir Menschen neigen dazu, alles Mögliche, was irgendwie gut sein könnte, meist in Form von Kapseln und Pülverchen zu uns zu nehmen, in der Hoffnung, dass es uns hilft. Nun mag so manches Herrchen oder Frauchen auch in der Versuchung sein, alles Mögliche an Pülverchen an den Hund zu verfüttern. Doch ergibt so etwas überhaupt Sinn?

Nein. Zwar kann man bei freilebenden Wölfen beobachten, dass sie hin und wieder gezielt bestimmte Kräuter oder Pflanzen fressen, um sich selbst zu helfen. Doch weder Hund noch Wolf würden auf die Idee kommen, sich jeden Tag mit irgendwelchen „Nahrungsergänzungsmitteln" vollzustopfen bzw. einfach alles zu fressen, was vorhanden ist. Solange kein Bedarf besteht, wäre eine Gabe sinnlos und überflüssig. Zwar gibt es sicherlich auch Dinge, die man präventiv geben kann, jedoch sollte auch das gezielt erfolgen und nach Plan und nicht sinnlos jeden Tag nach dem Motto: Jeden Tag möglichst alles. Das würde den Körper Deines Hundes definitiv überfordern.

Doch gibt es Zusätze oder Nahrungsergänzungsmittel, die sinnvoll sind? Jein. In der Regel sind das keine speziellen Zusätze, sondern die Dinge, die sowieso im Napf landen können. Wie zum Beispiel:

- Schwarzkümmelöl als Zeckenabwehr und Parasitenbekämpfung im Körper
- Knoblauch als Zeckenabwehr und zur Blutreinigung
- Seealgenmehl als Jodlieferant
- Grünlippmuschel zur Unterstützung der Gelenkfunktion

Dort sind sowohl die Wirkungen als auch die empfohlenen Dosierungen aufgeführt. Eine Liste aller Dinge, die im Napf landen dürfen, findest Du außerdem im Kapitel „Was darf in den Napf und was nicht?“

Doch es gibt das ein oder andere „Mittelchen“, was nicht unbedingt auf natürlichem Weg den Weg in den Magen des Hundes findet und gezielt eingesetzt wird. Dazu zählen zum Beispiel:

- MSM
- Fermentgetreide/Brottrunk

MSM, oder auch Methylsulfonylmethan, ist eine Schwefelverbindung, die sehr hilfreich sein kann bei der Entgiftung des Körpers. Mehr dazu erfährst Du in diesem Kapitel.

Fermentgetreide, oder auch Brottrunk, enthält spezielle Milchsäuren, die besonders der Verdauung zugutekommen und das Immunsystem unterstützen, da sie dabei helfen, den Darm mit positiven Bakterien zu besiedeln. Grundsätzlich gilt jedoch, dass sämtliche Zusätze nur dann eingesetzt werden sollten, wenn sie benötigt werden. Eine regelmäßige Fütterung, gerade mit mehreren Kräutern und Zusätzen, ist nicht empfehlenswert. Außerdem sollten sämtliche Kräuter, Pflanzen und Zusätze niemals dauerhaft gefüttert werden, sondern immer nur als Kur.

KNOCHEN RICHTIG FÜTTERN

Rohe fleischige Knochen gehören mit zu den Hauptbestandteilen beim Barfen. Sie enthalten das lebenswichtige Kalzium, welches für den Knochenbau so essentiell ist. Außerdem fördern sie das Kauen und somit den Zahnabrieb und beugen somit auch Zahnverfärbungen vor.

Viele Hundehalter tun sich jedoch sehr schwer damit, Knochen zu verfüttern. Nicht zuletzt auf Grund der „Horrormärchen", die man so kennt. Knochen splittern, Knochensplitter zerschneiden die Speiseröhre und den Darm, Knochen führen zu Verstopfung etc.

Doch was ist dran an diesen Mythen?

Kurz um: (Fast) nichts! Rohe Knochen splittern nicht. Dieser Mythos entstand dadurch, dass man gern „Abfälle" vom Esstisch dem Hund gab. Darunter auch erhitzte Knochen, insbesondere Geflügelknochen. Diese splittern tatsächlich und gehören NICHT auf den Speiseplan Deines Hundes! Ausschließlich rohe und nicht erhitzte Knochen dürfen verfüttert werden.

Besonders beliebt und absolut problemlos sind Hühnerhälse und Putenhälse. Diese werden besonders gern gefressen und bestehen zu einem großen Teil aus Fleisch. Somit sind sie perfekt zur Fütterung, zumal sie auch recht weich sind und insbesondere Hähnchenhälse klein genug sind, damit auch kleinere Hunde diese fressen können. Generell solltest Du darauf achten, dass an den Knochen noch reichlich Fleisch ist. Im Idealfall 50% Fleisch und 50% Knochen. Wenn es mal etwas anders ist, ist das aber auch nicht schlimm.

Doch was ist mit großen, tragenden Knochen von großen Tieren wie Rindern und Pferden? Nun, diese sind besonders dick, hart und widerstehen der Bearbeitung durch die Hundezähne sehr lang. Darum solltest Du auf die Fütterung von tragenden Knochen von großen Tieren möglichst verzichten. Zwar splittern die Knochen nicht, aber dafür ggf. die Zähne Deines Hundes. Selbst wenn der Zahn nicht abbricht, kann es passieren, dass Mikrorisse entstehen, die über kurz oder lang zu

Zahnproblemen führen. Darum bleibe besser dabei, eher kleinere und weichere Knochen zu verfüttern. Wenn Du doch mal in die Versuchung kommst, zum Beispiel weil ein Freund Dir einen riesigen Knochen mitgebracht hat oder Du einen Metzger kennst, der Dir und Deinem Hund einen Gefallen tun wollte und Dir einen riesigen Knochen mitgegeben hat, solltest Du darauf achten, dass wirklich viel Fleisch an dem Knochen ist. Dann darf Dein Hund zumindest so lange daran herumknabbern, bis das Fleisch abgeknabbert ist. Sobald der Knochen nahezu blank ist, solltest Du ihn jedoch wegnehmen, damit Dein Hund nicht in die Versuchung kommt, den Knochen knacken zu wollen!

Übrigens: Die oftmals so beliebten Markknochen bergen wirklich eine Gefahr, egal, ob man sie roh oder getrocknet verfüttert. Durch ihre Beschaffenheit, mit dem großen Loch in der Mitte, welches entsteht, wenn das Mark vom Hund herausgelutscht wurde, kann es passieren, dass der Hund den Knochen über seinen Unterkiefer stülpt und ihn dann nicht mehr abbekommt. Dann ist das Geschrei groß, da kaum ein Hund es über sich ergehen lassen würde, wenn Herrchen mit der Säge an seinem Kopf herumsägt, um den Knochen zu zerteilen. Meist enden solche Vorfälle dann beim Tierarzt, wo der Hund in Narkose versetzt wird, bevor man den Knochen schlussendlich zerteilt. Darum sollten Markknochen nur zersägt angeboten werden!

Damit Du weißt, welche Knochen Du füttern kannst, findest Du hier eine Übersicht von gut geeigneten Knochen:

- Rinderbrustbein
- Rindersandknochen
- Kalbsrippen
- Hühnerhälse
- Putenhälse
- Hühnerschenkel
- Putenschenkel
- Hühnerflügel
- Putenflügel

- Lammrippen
- Lammbrustbein
- Lammschulter
- Lammhals
- Lammkehlkopf
- Pferderippen
- Sämtliche Kaninchenknochen
- Wildrippen (kein Wildschwein!)
- Hühnerfüße
- Pferdenackenknochen
- Pferdekehlkopf

FRISCHFÜTTERUNG IM URLAUB

Wenn Du Deinen Hund auch gern mit in den Urlaub nimmst, stellst Du Dir sicherlich die Frage, wie Du dann mit dem Barfen fortfahren kannst. Damit Dein Hund in der schönsten Zeit des Jahres nicht auf sein gesundes Futter verzichten muss, gibt es verschiedene Möglichkeiten.

Möglichkeit 1: Du suchst gezielt nach einer Unterkunft, in der es im Domizil (wie einer Ferienhütte) eine Tiefkühltruhe gibt. So kannst Du das gewohnte Fleisch in einer Styroporbox mitnehmen und es vor Ort in der Tiefkühltruhe lagern. Die restlichen Zutaten kannst Du von zuhause mitnehmen und/oder vor Ort kaufen.

Möglichkeit 2: Wenn es keine Tiefkühltruhe gibt, aber einen Kühlschrank, gäbe es die Möglichkeit, entweder Fleisch aus dem Supermarkt zu kaufen oder von einem Fleischer vor Ort. Auch hier nimmst Du die restlichen gewohnten Zutaten entweder einfach von zuhause mit oder kaufst sie vor Ort.

Möglichkeit 3: Du reist gern in abgelegene Gebiete, wo es weder Kühlschrank noch Tiefkühltruhe gibt? Dann ist die einzige sinnvolle Möglichkeit die vorübergehende Fütterung von hochwertigen Reinfleischdosen oder „Barf aus der Tüte“. Dabei handelt es sich um schonend erhitztes Fleisch, welches entweder zusammen mit Innereien, Bindegewebe etc. in Dosen abgefüllt wurde, oder in Beutel, in denen sowohl erhitztes Fleisch als auch Gemüse, Obst und ggf. sogar schon Öl und Kräuter hinzugegeben wurden. Die Reinfleischdosen lassen sich auch prima mit Kräutern, Gemüse und Obst sowie Öl ergänzen und vermischen. Teste am besten schon vorher, welche Dosen Dein Hund mag. Nicht dass Du etliche Dosen kaufst, in den Urlaub fährst und vor Ort feststellen musst, dass Dein Vierbeiner das Futter überhaupt nicht anrührt.

Die Umstellung auf Dose kann bei sehr empfindlichen Hunden zu vorübergehenden Magen-Darm-Problemen wie Blähungen und Durchfall führen. Hierbei kannst Du, wenn Dein Hund es denn mag, Äpfel grob reiben und an der Luft braun werden lassen. Dadurch bildet sich Apfelpektin, das bei Durchfall hilfreich ist und den Kot wieder andickt. Unter das Futter gemischt kannst Du so problemlos ein natürliches „Anti-Durchfall-Mittel" mitfüttern.

Möglichkeit 4: Urlaub im eigenen Garten oder auf „Balkonien". So ein Urlaub hat zumindest den Vorteil, dass ihr euch keine lange Autofahrt ans Bein binden müsst, in der gewohnten Umgebung bleiben könnt und Du Dir über die Fütterung keine Sorgen mehr machen musst.

ENTGIFTUNGSKUR

Bei der Umstellung auf Barf ist sicher auch das Thema Entgiftung ein Thema, gerade wenn vorher schon teilweise jahrelang Fertigfutter gefüttert wurde. Die heutigen Fertigfuttermittel bieten zwar auch einige Sorten, die von der Zusammensetzung her wirklich gut sind, aber oftmals wird eben immer noch jede Menge Getreide als billiger Füllstoff eingesetzt und bei den tierischen Inhaltsstoffen wird eben leider auch häufig auf Abfälle aus der Lebensmittelindustrie zurückgegriffen. Diese Abfälle bestehen aus den Dingen, die nicht auf dem menschlichen Teller landen, wie beispielsweise Klauen, Schnäbel, Federn und andere Dinge. Teilweise sicher auch Innereien, wobei diese mittlerweile auch oft an andere Hersteller verkauft werden, damit daraus getrocknete Kauartikel hergestellt werden können. Somit bleibt nicht mehr viel Rest übrig, der noch im Hundefutter landen kann. Und aufgrund des mangelnden Deklarationsgesetzes müssen nicht alle Inhaltsstoffe angegeben werden bzw. nicht genau deklariert werden, was zum Beispiel unter „tierischen Nebenerzeugnissen“ oder „pflanzlichen Nebenerzeugnissen“ zusammengefasst ist.

So bestehen auch die pflanzlichen Nebenerzeugnisse meist aus Abfällen der Lebensmittelproduktion und enthalten oftmals nur noch die minderwertigen Reste wie Schalen oder sogenannten „Trester“ (das ist das, was übrig bleibt, wenn zum Beispiel Äpfel bis auf den letzten Rest ausgepresst wurden). Was sonst noch so im Futter landet, zum Beispiel auch über das Futter der Tiere, die schlussendlich im Futter landen, kann nie genau gesagt werden. Inwieweit dort auch chemische Zusätze wie Konservierungsstoffe eine Rolle spielen, ist schwer zu sagen. Schlussendlich landet jedoch all das im Magen unserer Hunde und somit auch in ihren Körpern. Inwieweit sich viele Stoffe ablagern und anreichern, ist oftmals nicht ausreichend getestet und erforscht.

Und Du wirst Dich ja in der Regel nicht grundlos dafür entschieden haben, Deinen Hund zu barfen. Oftmals zeigen die Hunde Auffälligkeiten. Sei es beim „Output“, also dem Kot, der oftmals merkwürdige Farben aufweist oder sehr oft und in großen Mengen ausgeschieden wird, oder beim Fell, das stumpf und struppig ist. Manche haben trockene Haut und neigen zu Schnuppen. Wieder andere reagieren sogar auf sogenannte „Sensitiv“-Futtermittel allergisch, obwohl theoretisch nur eine Protein- und eine Kohlenhydratquelle vorhanden sein soll. Viele Gründe, um sich mit der Ernährung unserer Vierbeiner genauer zu befassen und sie zu verbessern. Das bedeutet eben oftmals auch, sie von Grund auf zu ändern.

Hinzu kommen Belastungen durch die Umwelt: Umweltverschmutzung, Abgase, Umweltgifte, Insektizide, Pestizide etc. sind leider Dinge, denen weder wir noch unser Hund sich entziehen kann. Schätzungen zufolge sind wir täglich über 40.000 giftigen Substanzen ausgesetzt! Grund genug, sich auch mit dem Thema Entgiftung auseinanderzusetzen.

Damit der Start ins Barfen leichter fällt und Dein Hund auch alle Vorzüge daraus ziehen kann, müssen „Altlasten" weg. Dies erreicht man am besten, indem man eine Entgiftungskur macht. Dies im Idealfall über 3 Monate hinweg. Dann haben sich alle Zellen im Körper Deines Hundes einmal neu gebildet und somit regeneriert.

Doch wie sieht eine solche Entgiftungskur aus? Und welche Rolle spielt der Zustand des Darms dabei?

Vorbereitungen

Der gesamte Organismus des Hundes wird beim Entgiften stark beansprucht. Darum solltest Du sichergehen, dass Dein Hund fit ist und einer solchen Belastung standhalten kann. Dafür ist auch die Versorgung mit allen wichtigen Nährstoffen wichtig. Darum sollte eine solche Entgiftung im Idealfall erst 2 bis 4 Wochen, nachdem Du angefangen hast, Deinen Hund zu barfen, beginnen. Wenn Du auf Nummer sicher gehen willst, kannst Du ein Blutbild erstellen lassen, indem Nährstoffmängel aufgezeigt werden. So weißt Du, worauf Du besonders Wert legen solltest bei der Fütterung. Achte jedoch darauf, dass ein solches Defizit meist durch das Verfüttern von mangelhaftem Futter entstanden ist und sich das Defizit beim Barfen oftmals relativ schnell ausgleicht. Ergänzt Du also eine Zeit lang bestimmte Nährstoffe, solltest Du sie nach einer Weile weglassen und mit der regulären Barf-Fütterung weitermachen. In einem erneuten Blutbild kannst Du dann sehen, ob nun alle wichtigen Nährstoffe in ausreichender Menge durch das Füttern zugeführt werden.

Beginn der Entgiftung

Es gibt mehrere Phasen, beziehungsweise Bereiche, die entgiftet werden. Die Gesundheit und das Immunsystem liegen auch beim Hund im Darm. Ist der Darm gesund, geht es dem Hund gut. Da aber leider viele

Schadstoffe in den Körper gelangen, ist der Darm oftmals stark belastet. Und hier setzt eine solche Entgiftungskur hauptsächlich an. Jedoch werden auch Niere und Leber als wichtige Entgiftungsorgane nicht vernachlässigt. Ziel der Entgiftung ist es möglichst, sämtliche Giftstoffe, die sich im Körper angereichert haben, zu lösen, zu binden und dann aus dem Körper zu holen. Dies geschieht in drei verschiedenen Schritten.

Schritt 1: Loslösen

Die Entgiftung muss in Gang gesetzt werden. Der Körper des Hundes besitzt dafür normalerweise körpereigene Enzyme, die diese Aufgabe übernehmen. Manchmal brauchen diese Enzyme aber einen „Weckruf". Dies kannst Du mit „Regulat"-Enzymen erreichen, die Du in fertiger Form kaufen kannst. Diese regen die körpereigene Entgiftung an. Während der Entgiftung verbraucht der Körper des Hundes viel Selen. Dieses sehr wichtige Spurenelement kann dann schnell zur Mangelware werden. Darum ist es sinnvoll, Selen zu füttern. Besonders Paranüsse, Leinsamen, Knoblauch, aber auch Haferflocken enthalten Selen. Auch Naturreis ist ein guter Lieferant. Je nach Fütterungskonzept kannst Du davon einfach ein wenig mehr füttern, damit Dein Hund ausreichend versorgt ist. Wenn Du dazu noch das „3-6-9"-Öl fütterst, das mit Vitamin E angereichert ist, hast Du gleich den nächsten wichtigen Baustein. Ein weiteres Öl, das viel Vitamin E enthält, ist Weizenkeimöl. Um bei der Entgiftung die wichtigsten Entgiftungsorgane nicht zu vernachlässigen, hat sich die Zugabe von Mariendistel bewährt. Diese unterstützt und stärkt die Leber. Für die Niere ist Löwenzahn sehr wertvoll und wichtig. Aber auch Brennnessel kann beim Entgiftungsprozess helfen, da sie harntreibend wirkt und somit die Ausscheidung der Giftstoffe beschleunigt. Ein weiterer Entgiftungshelfer ist Schwefel in Form von MSM (Methylsulfonylmethan). Schwefel ist für den Organismus sehr wichtig und wird gerade bei der Entgiftung gebraucht. Für die ganz harten und besonders schädlichen Giftstoffe wie Quecksilber (welches in Impfungen vorhanden ist!) hat sich kolloidales Silber bewährt. Dieses bindet das

Quecksilber und hilft, es aus dem Körper zu schleusen. Und damit wären wir beim zweiten Schritt.

Schritt 2: Binden und ausleiten

Um die gelösten Giftstoffe auch aus dem Körper zu bekommen, sollten diese im Idealfall gebunden werden, damit sie vor allem den Darm problemlos passieren können. Dafür haben sich insbesondere Zeolith und Bentonit, fein gemahlene Mineralerden, bewährt. Sie saugen sich förmlich wie ein Schwamm mit Giftstoffen voll und helfen so, sie aus dem Körper zu schleusen. Ebenfalls sehr erfolgreich in der Bindung und Bekämpfung von Giftstoffen ist die Chlorella-Alge. Sie wird, ebenso wie Bentonit und Zeolith, auch in der Humanmedizin eingesetzt und ist sehr gut verträglich. Sie kann insbesondere Schwermetalle wie Nickel, Palladium, Blei und Zinn binden. Und wenn alle Giftstoffe gebunden sind, geht es weiter mit Schritt 3.

Schritt 3: Ausscheidung

Nun magst Du sicher denken, dass das ja sowieso von allein passiert. An sich stimmt das. Aber Du kannst Deinem Hund dabei aktiv helfen. Zum einen ist es wichtig, dass er während der Entgiftungskur ausreichend trinkt, da auch über die Nieren und die darüber ausgeschiedene Flüssigkeit viele Giftstoffe enthält. Und wenn die Nieren gut gespült werden, ist dies überaus hilfreich. Dafür muss Dein Hund viel trinken. Ist Dein Hund jedoch ein „Trinkmuffel", gibt es ein paar Tricks, wie Du ihm das Trinken schmackhafter machen kannst:

Regenwasser sammeln, da dieses von vielen Hunden lieber getrunken wird als Leitungswasser. Das Wasser kannst Du mit z. B. ein wenig Leberwurst geschmacklich attraktiver machen. Ungesalzene, selbst hergestellte Brühe (zum Beispiel Knochenbrühe) anbieten. Auch ungesüßte Tees (zum Beispiel Brennnesseltee) können angeboten werden.

Ein weiterer Aspekt, auf den Du Einfluss nehmen kannst, ist die Bewegung. Ist Dein Hund in Bewegung, dann kommt der gesamte

Organismus in Schwung und alle Vorgänge gehen etwas schneller vonstatten – auch die Entgiftung. Also drehe doch mit Deinem Hund während der Entgiftung ein Ründchen mehr am Tag. Es wird ihm helfen.

Natürlich ist so eine Entgiftung kein einfaches Unterfangen. Es kostet Deinen Hund viel Kraft und Energie. Darum findest Du hier eine Auflistung von möglichen Nebenwirkungen, die jedoch anzeigen, dass die Kur anschlägt:

- Haarausfall
- Trockene, schuppige Haut
- Müdigkeit
- Ohrenentzündungen
- Ekzeme
- Ausschlag

Sollte Dein Hund auch merklich über die Haut entgiften (was sich in Ekzemen und anderen Hautproblemen zeigt), kannst Du ihn mit der zusätzlichen Gabe von Bierhefe unterstützen. Vergiss insbesondere bei der Entgiftung die Gabe von hochwertigem Öl nicht, da auch dieses positiven Einfluss auf den Hautzustand Deines Hundes hat.

Ist die Entgiftungskur überstanden, heißt es, den Hund wieder aufzubauen. Dies erreichst Du ganz automatisch mit dem Barfen, da er so mit allen wichtigen Nährstoffen versorgt wird und sein Futter optimal verwerten kann.

Da die Belastung mit sämtlichen Giften jedoch weiterhin anhält, ist die Wiederholung der Entgiftungskur sinnvoll. Bewährt haben sich 2 Kuren pro Jahr. Bei höheren Belastungen, zum Beispiel durch die häufige Gabe von Entwurmungs- und Zeckenmitteln oder der jährlichen Impfung, sind ggf. auch 3 Kuren pro Jahr sinnvoll. Dann jedoch nur über 4 bis maximal 6 Wochen hinweg, da es sonst für den Organismus zu anstrengend wird. Durch die Fütterung von rohen Zutaten tust Du jedoch schon sehr viel dafür, dass sich die Giftbelastung Deines Hundes verringert und sein Körper besser mit Schädigungen von außen umgehen kann.

SIND FASTENTAGE SINNVOLL?

Heilfasten, Fastenkuren und „Entschlackung" machen auch bei Menschen immer mehr die Runde. Viele schwören auf die heilende Wirkung des Fastens und verzichten freiwillig auf feste Nahrung über einen bestimmten Zeitraum hinweg. Nun gibt es viele Hundehalter, die diese Art der Ernährung auch bei ihren Hunden anwenden möchten, damit auch sie vom Fasten profitieren. Doch profitiert ein Hund wirklich davon?

Nun, darüber gibt es keine wirklichen Studien. Es sind eher Erfahrungen vieler Hundehalter, die wohl unterschiedlicher nicht sein könnten. Während die einen darauf schwören, einmal in der Woche nichts zu füttern, so gibt es genügend Hundehalter, die von teils massiven Nebenwirkungen des Fastens berichten, die sich leider nicht unbedingt in den Bereich der Nebenwirkungen durch Entgiftung schieben lassen. So gibt es genügend Hunde, die nach 20 Stunden ohne feste Nahrung unter Magenquietschen, Magengrummeln, Grasfressen und Übelkeit leiden. Inwieweit so eine Auswirkung auf den Organismus des Hundes sinnvoll ist, ist fraglich. Viele, die einen Fastentag für ihren Hund einplanen, begründen das damit, dass in der Natur auch nicht jeden Tag Beute erlegt wird und Wölfe, wie auch verwilderte Haushunde, Fastentage einlegen. Inwieweit sie das jedoch freiwillig machen, ist fraglich. Natürlich haben Wölfe und Hunde, wie auch nahezu jeder andere Räuber, nicht jeden Tag Jagdglück. Aber allein, dass sie es tagtäglich versuchen, zeigt doch, dass sie eigentlich nicht daran denken, einen Fastentag einzulegen. Nur wenn es am Vortag ein großes Reh oder einen Hirsch gab, an dem sie sich so richtig satt fressen konnten, wird am nächsten Tag mal eine Fresspause eingelegt. Dieses Verhalten wird ja auch bei der Barf-Variante Mogen Eliasen aufgegriffen, wo nach dem „All you can eat"-Tag meist ein Fastentag folgt.

Grundsätzlich schadet es den meisten Hunden nicht, wenn sie eine Weile auf Futter verzichten (müssen). Ob es jedoch irgendeinen körperlichen Vorteil bietet, ist fraglich. Wenn Dein Hund nach einer großen

Mahlzeit am Vortag von selbst einen Fastentag einlegt, ist das völlig okay und Du solltest ihn nicht dazu zwingen, etwas zu fressen. Doch wenn er guten Appetit hat, hin und wieder entgiftet wird und sich sonst bester Gesundheit erfreut, ist ein Fastentag nicht notwendig, zumal es den meisten Hundehaltern sowieso wahnsinnig schwerfällt, dem traurig schauenden Hund nichts zu geben. Denn sind wir mal ehrlich: Wenn unsere Hunde etwas wollen, kramen sie ganz tief in der Trickschublade und holen den traurigsten und herzzerreißendsten Blick heraus, den sie nur aufbieten können. Und dann stark zu bleiben, ist wirklich schwer. Warum also sich und dem Hund das antun?

WIE OFT AM TAG FÜTTERN?

Auch hier herrscht eine rege Grundsatzdiskussion im Netz. Die einen sind die absoluten Verfechter von einer Mahlzeit am Tag. Andere finden eine Portion am Tag zu wenig, die Zeit zwischen den Mahlzeiten zu lang und die Portionsgröße für eine Mahlzeit zu groß. Wieder andere berichten davon, dass ihr Hund entspannter ist, wenn er 3 oder 4 Mal am Tag etwas zu fressen bekommt. Nun lässt sich eine Fütterung mit 3 oder 4 Mahlzeiten am Tag nur von den wenigsten Berufstätigen bewerkstelligen. Grundsätzlich ist eine so häufige Fütterung auch nicht notwendig (Ausnahmen sind hier natürlich die trächtige Hündin und Welpen!). Für den „Durchschnittshund“ sind zwei Mahlzeiten am Tag die ideale Variante. Warum? Nun, morgens, nach der ersten Gassirunde, ist der Hund ausgeruht und benötigt Energie für den Tag.

Dann gibt es die erste Mahlzeit. Diese lässt ihn erst einmal ein wenig schläfrig werden, was sicher gerade für Berufstätige von Vorteil ist. Sobald dann am Nachmittag mit den Hundehaltern auch die Action zurück in die Wohnung kommt, kann er die Energiereserven vom Frühstück aufbrauchen. Und nach der letzten Gassirunde am Abend gibt es die zweite Mahlzeit, die wieder ein wenig schläfrig macht und so optimal für die Nacht vorbereitet. Denn hungrig ins Bett oder in dem Fall ins

Körbchen zu gehen, findet doch keiner schön. Von daher ist die Aufteilung der Tagesration auf zwei Mahlzeiten sicherlich am sinnvollsten.

UND DIE UHRZEIT?

Immer um Punkt 19 Uhr steht der Napf bereit. Aber muss das sein? Nein, das muss nicht sein. In der Natur fällt auch nicht jeden Abend um Punkt 19 Uhr der Hase tot um, damit er gefressen werden kann. Feste Zeiten sind vollkommen überflüssig und unnötig und bringen keinen Vorteil. Im Gegenteil: manche Hunde stellen ihre „innere Uhr" danach und bei manchen Hunden setzt dann sogar schon die Magensaftproduktion ein, wenn es Zeit fürs Fresschen ist. Gibt es dann jedoch nichts, übersäuert der Hund und es kann zu Problemen wie Aufstoßen, Übelkeit und Unwohlsein kommen. Und was glaubst Du, was passiert, wenn die Uhren auf Sommer- oder Winterzeit umgestellt werden? Auch wenn es für Dich dann eine Stunde früher oder später ist, so ist es für Deinen Hund immer noch zur selben Zeit Fütterungszeit. Und das kann gerade bei langen Arbeitszeiten zum Problem werden, wenn Dein Hund zuhause sitzt, Magensaft produziert und auf sein Futter wartet, während Du noch auf Arbeit bist. Darum gewöhne weder Dich noch Deinen Hund an eine feste Uhrzeit. Füttere dann, wenn es in Deinen Zeitplan passt. Besonders am Wochenende ist es deutlich entspannter, wenn man nicht wie sonst in der Woche um 6.30 Uhr aufstehen muss, damit Fiffi sein Futter bekommt, und stattdessen einfach mal ausschlafen kann.

FÜTTERN VON ALLERGISCHEN HUNDEN /AUSSCHLUSSDIÄT

Dein Hund kratzt sich, teilweise sogar blutig. Er ist unruhig, zerbeißt sich die Pfoten, hat heiße Ohren, schlechtes Fell, Schuppen oder ständig Durchfall? Dann steckt oftmals eine Futtermittelallergie dahinter. Gerade bei Hunden, die reinweg mit Fertigfuttermitteln gefüttert werden, ist der Organismus mit der oftmals scheinbar endlosen Zahl an Inhalts-

und Hilfsstoffen überfordert und entwickelt eine Allergie gegenüber einem oder mehrerer Bestandteile. Dies ist öfter der Fall, als man glauben mag. Nur wird eine Futtermittelallergie selten zeitnah diagnostiziert. Vorher werden alle möglichen anderen Vermutungen in den Raum geworfen und zu behandeln versucht.

Das fängt bei der vollkommen sinnfreien Gabe von Wurmkuren an, um die vermeintlichen Würmer zu bekämpfen, die beispielsweise für den Durchfall sorgen sollen. Es wird eine Antibiotikakur verordnet, um vermeintlich vorhandene Giardien zu bekämpfen. Der Hund wird meist auf ein teures und sinnloses „Supersensitive Diätfutter" umgestellt, was es am besten auch nur beim Tierarzt zu kaufen gibt, damit der daran noch kräftig mitverdienen kann. Dann werden verschiedenste Präparate verschrieben. Darunter auch Mittel, die den Durchfall stoppen sollen. Dass der Körper des Hundes nicht grundlos Durchfall auslöst, wird dabei oftmals außer Acht gelassen. Durchfall, wie auch Erbrechen, ist die Art des Körpers, Giftstoffe und Erreger oder auch unverdauliche Dinge schnellstmöglich wieder loszuwerden, bevor sie Schaden anrichten können. Gerade wenn es um Toxine geht, ist die Unterdrückung von Durchfall durch Medikamente ein gefährliches Unterfangen. Verbleiben die Giftstoffe länger im Körper, als es dem Körper lieb ist, kann dies zu weiteren Problemen und Erkrankungen führen.

Und wenn all die Therapien, Mittelchen und Futtersorten nichts gebracht haben, fragt man als verunsicherter Hundehalter, der bereits am Ende seiner Kräfte (und oftmals auch am Ende des Geldbeutels) ist, ob es sein kann, dass der Hund trotz des Sensitiv-Futters, das zu keiner Besserung führte, eine Futtermittelallergie haben könnte. Wenn der Tierarzt auf diese Frage eingeht, wird oftmals nur ein Bluttest vorgenommen, der bestimmen soll, gegen welche Dinge der Hund allergisch ist. Dass ein so überlasteter Körper jedoch nach diesem Martyrium an Behandlungen und Medikamenten aus schierer Überforderung auf fast alles reagiert, ist da nur allzu verständlich. Demnach sagt ein solcher Bluttest so gut wie nichts darüber aus, ob der Hund auf die dort festgestellten

Dinge wirklich allergisch reagiert oder gerade schlichtweg nur überfordert ist. Zwar kann dieser Test ein erster Anhaltspunkt dafür sein, in welche Richtung die Allergie geht und ob tierisches Protein eines bestimmten Tieres oder Kohlenhydratquellen zu den Symptomen führen. Eine 100%-ige Garantie, dass das wirklich so ist, kann ein solcher Test jedoch nicht geben. Und lasse Dir an dieser Stelle, wenn Dein Tierarzt die Ergebnisse des Bluttestes in der Hand hält, nicht das nächste „Supersensitiv-Diätfuttermittel" aufschwatzen, welches dann meist aus völlig ausgefallenen Dingen wie Strauß, Känguru oder Krokodil plus Kohlenhydratquelle besteht. Besinne Dich in diesen Momentan darauf zurück, was Dein Hund wirklich braucht. Damit Du weißt, wie Du eine solche Eliminations-Diät oder Ausschluss-Diät durchführen solltest, um wirklich sicher klären zu können, worauf Dein Hund reagiert, erhältst Du hier eine Schritt-für-Schritt-Anleitung.

Ablauf der Diät

Zuallererst musst Du Dich für eine Fleischsorte entscheiden, von der Du denkst, dass Dein Hund sie verträgt. Das Fleisch, das Du für Deinen Hund besorgst, sollte aus großen Stücken bestehen, damit Du sicher sein kannst, dass Du Deinem Hund auch wirklich nur diese eine Sorte fütterst und keine andere tierische Proteinquelle dort mit reingemischt wurde. Als Beispiel nehmen wir jetzt Lamm. Lammfleisch, Lamminnereien sowie Lammfett sind in den meisten Barf-Shops vorhanden und können somit problemlos bezogen werden. Ab dem ersten Tag der Diät erhält Dein Hund ausschließlich Lamm. Nichts anderes. Kein Leckerli, keine Kausachen, nichts von einem anderen Tier! Nur Lamm. Du gestaltest also seine Mahlzeiten ausschließlich mit Dingen vom Lamm. Kohlenhydrate, Obst, Gemüse etc. fallen erst einmal weg, zumindest für die ersten 4-5 Tage. Danach beginnst Du zuerst mit einer weiteren Zutat, wie zum Beispiel Süßkartoffeln. Diese Kombination aus Lammfleisch, Lamminnereien und Lammfett sowie Süßkartoffeln fütterst Du erneut für 4-5 Tage und prüfst, ob Dein Hund darauf reagiert. Tut er das nicht, kannst Du die nächste Komponente hinzufügen. Zum Beispiel ein Öl. Und so verfährst Du mit jeder weiteren Zutat. Eine Zutat kommt neu hinzu und wird in Kombination mit den anderen Dingen, die bereits gut vertragen wurden, über mehrere Tage hinweg gefüttert. Beobachte Deinen Hund, um festzustellen, ob er wieder beginnt sich zu kratzen oder Ähnliches. Passiert das nicht, kann die nächste Komponente hinzugefügt werden. Dieses Verfahren wendest Du über 6 Wochen hinweg an. Reagiert Dein Hund nicht, kannst Du mit der nächsten tierischen Proteinquelle beginnen. Das Lamm lässt Du weg und wechselt dann zum Beispiel zu Pute oder Hühnchen. Wieder erst einmal nur Fleisch, Innereien und ggf. Fett. Danach die erste weitere Komponente und so weiter.

Stellst Du fest, dass Dein Hund auf eine Komponente reagiert, lässt Du sie unverzüglich weg und lässt sie auch für 2 Wochen weg. Danach kommt die Probe: Füttere den vermeintlichen Übeltäter erneut. Reagiert Dein Hund wieder, ist er sicher allergisch auf diese Komponente.

Und mit diesem Verfahren kannst Du jede Proteinquelle durchtesten und auch jede weitere Komponente, die im Napf Deines Hundes landen soll. Auf diese Art weißt Du sicher, worauf Dein Hund reagiert und worauf nicht. Auch wenn diese Art des Testens deutlich länger dauert als ein Bluttest, so sind die Ergebnisse quasi „am lebenden Objekt" getestet und Du weißt wirklich sicher, was Du Deinem Hund füttern kannst und wovon Du lieber Abstand nehmen solltest.

LECKERCHEN SELBST HERSTELLEN

Wer sich mit der Ernährung seines Hundes schon sehr auseinander gesetzt hat und für seinen Vierbeiner nur das Beste will, der wird sich auch beim Durchlesen der Zusammensetzungen von Leckerchen das ein oder andere Mal fragen, ob das wirklich gesund ist, was da alles enthalten ist. Oftmals ist es nämlich so, dass gerade bei Leckerchen nicht mehr darauf geachtet wird, was alles in den bunten Knochen und Keksen verarbeitet wurde. Von Getreideabfällen, über Zucker und sonstigen „Resten" aus der Lebensmittelindustrie werden nämlich nur allzu gern „Hundeleckerchen“ hergestellt, die von gesunder Ernährung so weit entfernt sind wie ein Fisch vom Fahrradfahren.

Darum ist es nicht verwunderlich, dass immer mehr Hundehalter, die sich fürs Barfen entschieden haben, auch bei den Leckerchen genau wissen wollen, was drin ist und was sie ihrem Vierbeiner da geben.

Damit auch Du für Deinen Hund leckere und gesunde Leckereien herstellen kannst, findest Du hier ein paar Rezepte und Anleitungen für artgerechte Leckerchen.

Dörren

Dies ist wohl die einfachste Variante, um sowohl Leckerchen als auch Kauartikel selbst herzustellen. Dafür ist ein handelsüblicher Dörrautomat notwendig, den es in etlichen Varianten, Größen, Farben und Aufmachungen gibt. Welchen Du nimmst, ist dabei ziemlich egal, da sie alle eh nur das eine können: Dörren. Dabei wird durch Wärmeeinwirkung dem Dörrgut das Wasser entzogen, sodass am Ende nur noch wenige Prozent Feuchtigkeit vorhanden sind, wodurch ein Verschimmeln/Vergammeln vermieden wird. So wird beispielsweise Fleisch sehr lange haltbar. Und genau das kannst Du Dir zu Nutze machen. Nimm einfach möglichst fettarmes Fleisch zur Hand, welches Dein Hund sicher und gut verträgt, schneide es in kleine Stücke (nicht zu klein, aber auch nicht zu dick) und verteile sie auf den Etagen des Dörrautomaten. Dann wählst du eine Temperatur zwischen 40 und 60° C aus und lässt den Dörrer seine Arbeit tun. Das kann durchaus mehrere Stunden dauern, je nach Größe der Fleischstücke. Das funktioniert im Übrigen auch mit Gemüse und Obst, falls Dein Hund ein Veggie-Fanatiker sein sollte und sich auch über eine getrocknete Apfel- oder Gurkenscheibe freut.

Alternativ, wenn Du Dir keinen Dörrautomaten anschaffen möchtest, kannst Du den Trocknungsvorgang auch im Backofen machen. Dafür eignen sich Fleischstreifen am besten, die Du auf einen Gitterrost legen kannst. Natürlich sind auch hier wieder kleine Fleischwürfel oder

Gemüsestreifen oder -scheiben möglich, welche dann einfach auf ein Backblech mit Backpapier gelegt werden. Greifst Du jedoch zum Backblech, musst Du die Stückchen wenden, da sie sonst an der Unterseite feucht bleiben. Darum ist dem Grillrost der Vorzug zu geben. Idealerweise steckst Du einen Kochlöffel in die Ofentür, damit diese einen kleinen Spalt geöffnet bleibt. So entweicht die aus dem Fleisch gelöste Flüssigkeit und das Dörren geht schneller voran.

Backen

Auch für unsere vierbeinigen Freunde kann man super backen. Kleine selbstgemachte Hundekekse, bei denen man sicher weiß, was drin ist, sind schnell gemacht. Die fertigen Kekse sind in einer luftdichten Dose etwa 2-3 Wochen haltbar.

Hier ein paar Rezepte zum Ausprobieren:

1.) Karotten-Leberwurst-Kekse

180 g Mehl (bspw. Buchweizenmehl oder auch Maismehl)
60 g Leberwurst
10 g Öl (bspw. Olivenöl)
1 Ei
1 Karotte
Wasser für den Fall der Fälle

Alle Zutaten, bis auf das Wasser, miteinander vermengen und gut durchkneten. Sollte der Teig ein wenig zu trocken sein, ein bisschen Wasser hinzugeben. Wenn der Teig eine gute Konsistenz hat und nicht klebt, auf eine bemehlte Arbeitsfläche legen und ausrollen. Nun sind der Fantasie keine Grenzen gesetzt. Du kannst entweder mit einem Messer Figuren ausschneiden oder normale Ausstechformen benutzen. Alternativ kannst Du den Teig auch einfach in gleichgroße Vierecke zerschneiden.

Sobald der Teig aufgebraucht ist, legst Du die Kekse auf ein Backblech mit Backpapier und schiebst sie bei 180° C für etwa 20-25 Minuten in den Ofen. Umso länger Du sie bäckst, desto härter werden sie.

2.) Thunfisch-Bananen-Kekse

100 g Mehl (bspw. Buchweizenmehl)
1 Dose Thunfisch im eigenen Saft
1 reife Banane
etwas Öl (bspw. Olivenöl)
nach Belieben ein paar gemahlene Haselnüsse

Die Banane zerdrücken und mit den restlichen Zutaten gut vermengen. Da der Teig ein wenig weicher ist, bietet es sich an, diesmal keinen Teig auszurollen und auszustechen, sondern kleine Bällchen oder Würste zu formen, die Du dann wieder auf ein Backblech mit Backpapier legst und bei ca. 180° C etwa 20 Minuten bäckst.

3.) Innereien-Taler

250 g Innereien (Leber, Magen, Milz)
150 g Mehl (bspw. Buchweizenmehl)
1 kleine Zucchini

Die Zucchini garen und anschließend zerdrücken. Danach die restlichen Zutaten hinzugeben und gut vermengen. Auch dieser Teig ist etwas flüssiger, weswegen auch hier das Ausstechen wegfällt. Stattdessen bietet es sich an, mit dem Löffel kleine Kleckse auf ein Backblech mit Backpapier zu geben und anschließend bei 180° C für etwa 25 Minuten im Ofen zu backen.

4.) Hühnchenkekse

100 g Hähnchenbrust
150 g Mehl (bspw. Buchweizenmehl)
2 Eier
2 EL Öl (bspw. Olivenöl)

50 g zarte Haferflocken

Die Hähnchenbrust möglichst klein schneiden und mit den restlichen Zutaten vermengen. Dieser Teig ist wieder etwas fester und lässt sich ausstechen oder ausschneiden. Die fertig ausgestochenen Kekse auf ein Backblech mit Backpapier legen und ebenfalls bei 180° C etwa 25 Minuten backen.

5.) Käse-Sticks mit Quark

200 g gekochte Kartoffeln

150 g Hüttenkäse oder Quark

50 g Käse (bspw. Gouda oder Mozzarella)

2 EL Öl (bspw. Olivenöl)

2 Karotten

Kartoffeln und Möhren zusammen kochen und anschließend pürieren oder zerquetschen. Die restlichen Zutaten hinzugeben und im Idealfall in Silikonförmchen füllen, da der Teig sehr flüssig ist und von selbst nur wenig Halt hat. Dies nun bei 180° C etwa 45 Minuten backen, bis die Sticks die gewünschte Härte haben.

Diese Sticks müssen, anders als die restlichen Kekse aus den anderen Rezepten, im Kühlschrank aufbewahrt werden, da sie nicht so viel Flüssigkeit verlieren wie die Kekse.

6.) Rinderkekse mit Quark

150 g Quark

150 g Rinderhackfleisch

1 Ei

6 EL Milch

6 EL Öl (z. B. Olivenöl)

200 g Mehl (z. B. Buchweizenmehl)

Alle Zutaten miteinander gut vermengen und so lange kneten, bis ein guter Teig entsteht. Diesen auf eine bemehlte Arbeitsfläche geben und ausrollen. Dann wieder ausstechen oder ausschneiden und auf ein Backblech mit Backpapier auslegen. Bei 180° C ca. 30-40 Minuten backen.

7.) Quark-Sticks

200 g Haferflocken

150 g Quark oder körnigen Frischkäse

1 Ei

3 EL Milch

3 EL Öl (bspw. Olivenöl)

Alle Zutaten miteinander vermengen und zu einem Teig kneten. Aus dem Teig zum Beispiel Kugeln oder Rollen formen und auf ein Backblech mit Backpapier legen.

Dann bei ca. 180° C ca. 20-25 Minuten backen.

8.) Eis-Kekse

900 g Naturjoghurt

3 TL Erdnussbutter (ungesüßt!)

1 große reife Banane

1 TL Honig

Die Banane zerquetschen und mit den restlichen Zutaten vermengen. Die fertige Joghurtcreme in Silikonförmchen füllen und anschließend für mindestens 2 Stunden einfrieren. Besonders im Sommer ein beliebter Snack für zwischendurch.

Zusammenfassung

Hier sind nochmal alle wichtigen Punkte für Dich zusammengefasst:

- Barfen bedeutet, den Hund mit rohen Zutaten wie Fleisch, Knochen, Innereien, Fetten, Ölen und ggf. Gemüse, Obst und Kohlenhydraten zu füttern.
- Es gibt verschiedene Varianten des „Barfens“, die allesamt jedoch entweder ein Beutetier nachbauen oder sogar aus ganzen Beutetieren bestehen.
- Die Menge des Futters hängt davon ab, wie aktiv Dein Hund ist. Grundsätzlich werden rund 2,5 % des Körpergewichtes als Bedarf herangezogen.
- Fett ist sehr wichtig, da der Hund daraus seine Energie zieht.
- Reines Muskelfleisch reicht nicht! Es müssen auch Innereien und Knochen gefüttert werden, damit Dein Hund mit allem Wichtigem versorgt ist.
- Gemüse, Obst, Kohlenhydrate und Getreide sind nicht zwingend notwendig, können aber unter gewissen Bedingungen gefüttert werden.
- Teste immer erst aus, was Dein Hund in welchen Mengen verträgt.
- Hebe Dir mindestens 2 Fleischsorten auf, für den Fall, dass Dein Hund auf die bisher gefütterten allergisch reagiert.
- Übertreibe es mit der Menge der unterschiedlichen Zutaten pro Tag nicht.
- Abwechslung im Napf kommt bei Hunden in der Regel gut an.
- Füttere nur weiche Knochen, keine tragenden Knochen von großen Tieren.
- Hilf Deinem Hund 2-3 Mal im Jahr mit einer Entgiftungskur, besonders wenn er Zeckenmittel, Wurmkuren und Impfungen bekommt.
- Berechne den Bedarf Deines Hundes neu, wenn Du merkst, dass er ab- oder zunimmt.

- Ziehe zur Berechnung des Bedarfs immer das Optimalgewicht Deines Hundes heran und nicht sein aktuelles Gewicht.
- Lass Dich von anderen nicht verrückt machen oder gar verunsichern! Du hast Dich für diese Form der Fütterung entschieden und hattest dafür auch einen Grund.
- Achte auf die Herkunft aller Zutaten und kaufe nur hochwertige Zutaten wie Öl etc.
- Insofern es keine Notwendigkeit dafür gibt, gewolftes Fleisch zu füttern, solltest Du auf große Fleischbrocken und ganze RFK (rohe fleischige Knochen) zurückgreifen.
- Wenn Dein Hund allergisch ist, führe die Ausschlussdiät gewissenhaft durch, um sicher herauszufinden, was Dein Hund wirklich verträgt.
- Achte auf die richtige Menge an Fett, damit es Deinem Hund nicht an Energie mangelt.
- Sei mit Gewürzen sparsam, denn auch hier gilt: Die Dosis macht das Gift.
- Du musst auf das Barfen nicht verzichten, wenn Du in den Urlaub fährst. Informiere Dich vor Antritt der Reise, welche Möglichkeiten vor Ort gegeben sind, und plane danach, mit welcher Variante Du Deinen Hund im Urlaub füttern kannst.
- Finde heraus, mit welchem Fütterungsintervall Dein Hund am besten klarkommt.
- Probiere neue Dinge aus, sei kreativ und wage Dich auch mal an das Backen von Hundekeksen heran. Dein Hund wird es Dir danken!
- Achte bei der Fütterung Deines Hundes auch auf den „ökologischen" Fußabdruck.

Das Wichtigste ist jedoch: Bleibe bei der Fütterung, von der Du überzeugt bist. Lasse Dich nicht verunsichern und hab vor allem Spaß daran! Dann wird das Barfen irgendwann ganz leicht und Du kannst den Erfolg der Fütterung an Deinem Hund sehen.

Wir danken Ihnen für Ihr Interesse und Ihr Vertrauen. Als Dankeschön dafür, haben wir eine besondere Überraschung. Wir haben eine **exklusive Spiele Sammlung für Hunde – inklusive Anleitungen zu Spiele selbst herstellen**. Und diese erhalten Sie vollkommen kostenlos. Das klingt wunderbar? Dann warten Sie nicht lange und holen Sie sich Ihr Gratis-Geschenk.

Hier geht es zu Ihrem Gratis-Geschenk:

https://forms.gle/M8BE2XLDYjDgu4BH6

1. **Öffnen Sie die Kamera-App auf Ihrem Smartphone und richten Sie die Kamera auf den QR-Code.**
2. **Klicken Sie auf den Link, der Ihnen angezeigt wird und schon werden Sie zur Website weitergeleitet.**

Impressum

Herausgeber: Pegoa Global Media GmbH / Am Sandtorkai 27 / 20457 Hamburg
Kontakt: kontakt@pegoamedia.de
Coverbild: Shutterstock